高职高专"十三五"物流类专业系列规划教材

工程物资成本核算与控制

主　审　刘超群

主　编　王晓丽

西安交通大学出版社
XI'AN JIAOTONG UNIVERSITY PRESS

内 容 提 要

　　本书主要介绍了工程物资成本核算中物资计划成本的编制方法、物资管理各经营环节经营效果的核算办法，以及在各环节中控制成本能运用到的科学管理方法，具体包括材料需求计划编制、采购成本核算与控制、供应成本核算与控制、材料储备核算与控制、消耗量核算与控制、成本分析方法等六个学习情境。每个学习情境包括若干任务，每个任务包括任务描述、学习目标、任务实施、任务评价等环节，同时根据内容讲解了相关知识点，并配备了有关阅读材料，便于学生掌握相关知识。

　　本书可作为高职高专物流管理等专业的教学用书，也可作为物流从业人员、成本核算与控制人员的参考书。

为了满足物流管理专业工程物资管理方向教学的需要,我们编写了本书。本书可作为大专院校和职业技术院校工程物资管理专业的教材或参考用书。

本书将计划、采购核算与控制、供应核算与控制、储备核算与控制、消耗量核算与控制划分为五个学习情境。学习情境一以定额为基础编制物资计划;学习情境二详述了物资采购成本的核算与采购阶段成本控制的一些方法;学习情境三介绍了物资供应成本核算及供应阶段成本控制的方法;学习情境四介绍了物资储备阶段成本核算与成本管理控制的科学方法;学习情境五介绍了物资消耗量量差的核算方法及消耗量管理控制的方法。另外学习情境六介绍了物资成本分析的方法。

本书由陕西铁路工程职业技术学院王晓丽担任主编,陕西铁路工程职业技术学院刘超群担任主审。具体编写分工如下:王晓丽编写情境一、三、四、六,陕西铁路工程职业技术学院田昌奇编写情境二,中铁七局三公司王平西编写情境五。在编写过程中,我们参阅了大量同行专家的有关著作、教材及案例,在此表示感谢。

对于工程物资成本管理的理论与方法及其实践的总结,当前还在发展与不断探索中,虽然我们为本书的出版付出了艰辛的努力,但由于水平所限,难免出现疏漏和差错,恳请读者批评指正。

编　者

2015.12

Contents 目录

学习情境一

材料需求计划编制

任务一　定额基本知识

一、任务描述

了解定额的概念、分类、作用、用途。

二、学习目标

1. 能阐述什么是定额及计量单位举例；
2. 能阐述怎样利用定额计算人工、材料、机械台班消耗量；
3. 能阐述怎样利用定额确定工程造价、考核工人绩效。

三、任务实施

(一)学习准备

引导问题 1：什么是定额？列举人工时间定额和产量定额、材料消耗定额、机械台班时间定额和产量定额的计量单位。什么是基价？

_____

_____

_____

引导问题 2：如何使用定额来计算工程所需的各种材料的消耗量和人工工日需要量、机械台班需用量？

_____

_____

_____

引导问题 3：如何使用定额确定一项工程的人工费、材料费、机械台班使用费？

_____

_____

_____

引导问题 4:按生产要素分类,定额可分为哪几类? 按定额编制程序和用途分类,定额可分为哪几类?

_____

_____

_____

_____

(二)实施任务

【案例 1】

工程名称:某宿舍楼装修工程(部分)

工程内容:工程项目及工程量见表 1-1。

表 1-1　某工程项目工程量表

工程内容	C10混凝土垫层	水泥地面不分格	1:3聚氨酯涂层2mm	台阶C10混凝土	室内小型砌砖	豆石混凝土楼面35mm厚	豆石混凝土找平层	多角柱抹水泥	磨石池安装	混凝土污水池安装
单位	m³	m²	m²	m³	m³	m³	m³	m²	个	个
工程量	13.67	276.3	18.94	0.73	0.03	46.22	0.04	119.3	34	34

根据图纸设计方案计算该工程材料需用数量及工程造价。

引导问题 1:提供按表 1-1 中工程项目查出的相应工程的材料消耗定额,见表 1-2 中斜线分子数,将各工程各项材料需用量写入分母位置。

表 1-2　工程用料分析

单位工程名称:××宿舍　　　　　　　　　　　　　　　　　　　计算部位:内装修工程

工程项目	单位	工程量	水泥 32.5 kg	砂子 0.5~5mm kg	石灰 kg	石子 kg	聚氨酯 kg	聚氨酯涂料 kg	砖 240mm×115mm×53mm 块
C10混凝土垫层	m³	13.67	198	777		1360			
水泥地面不分格	m²	276.3	107	331					
1:3聚氨酯涂层2mm	m²	18.94					0.182	2.661	
台阶C10混凝土	m³	0.73	198	777		1360			

工程项目	单位	工程量	水泥 32.5	砂子 0.5～5mm	石灰	石子	聚氨酯	聚氨酯涂料	砖 240mm×115mm×53mm
			kg	kg	kg	kg	kg	kg	块
室内小型砌砖（M5混合砂浆）	m³	0.03	45.12	409	12.24				
豆石混凝土楼面35mm厚	m³	46.22	406	694		1131			
豆石混凝土找平层	m³	0.04	406	694		1131			
多角柱抹水泥	m²	119.3	76	293					
磨石池安装	个	34	2.74	42	1.28				0.048
混凝土污水池安装	个	34	15.6	47		34			
小计									

引导问题 2：根据建筑主管部门颁布的预算价格或企业材料计划价格，怎样计算材料需用金额？

_____

_____

_____

【案例 2】

某铁路路基工程土质为普通土，土方工程量 10000m³，采用人力装汽车运的半机械施工方法，经查劳动定额，人力装普通土汽车运这项工作的时间定额为 1.69 工日/10m³，此工种的人工工日单价为 200 元/工日。计算完成该路基土方工程所需的人工工日量和人工费。

_____

_____

_____

【案例 3】

某铁路路基工程土质为普通土，土方工程量 10000m³，采用挖掘机铲运的机械施工方法，经查预算定额,挖掘机铲运土方这项工作的时间定额为 0.38 台班/100m³,该机械每台班的使用单价为 1000 元,计算完成该路基土方工程所需的机械台班工作量和机械使用费。

_____

_____

_____

_____

四、任务评价

1.填写任务评价表

<table>
<tr><td colspan="9" align="center">任务评价表</td></tr>
<tr><td rowspan="2" align="center">考核项目</td><td colspan="3" align="center">分数</td><td rowspan="2" align="center">学生自评</td><td rowspan="2" align="center">小组互评</td><td rowspan="2" align="center">教师评价</td><td rowspan="2" align="center">小计</td></tr>
<tr><td align="center">差</td><td align="center">中</td><td align="center">好</td></tr>
<tr><td colspan="2" align="center">自学能力</td><td align="center">8</td><td align="center">10</td><td align="center">13</td><td></td><td></td><td></td><td></td></tr>
<tr><td colspan="2" align="center">是否积极参与活动</td><td align="center">8</td><td align="center">10</td><td align="center">13</td><td></td><td></td><td></td><td></td></tr>
<tr><td rowspan="3" align="center">言谈举止</td><td align="center">工作过程安排是否合理规范</td><td align="center">8</td><td align="center">16</td><td align="center">26</td><td></td><td></td><td></td><td></td></tr>
<tr><td align="center">陈述是否完整、清晰</td><td align="center">7</td><td align="center">10</td><td align="center">12</td><td></td><td></td><td></td><td></td></tr>
<tr><td align="center">是否正确灵活运用已学知识</td><td align="center">7</td><td align="center">10</td><td align="center">12</td><td></td><td></td><td></td><td></td></tr>
<tr><td colspan="2" align="center">是否具备团队合作精神</td><td align="center">7</td><td align="center">10</td><td align="center">12</td><td></td><td></td><td></td><td></td></tr>
<tr><td colspan="2" align="center">成果展示</td><td align="center">7</td><td align="center">10</td><td align="center">12</td><td></td><td></td><td></td><td></td></tr>
<tr><td colspan="2" align="center">总计</td><td align="center">52</td><td align="center">76</td><td align="center">100</td><td></td><td></td><td></td><td></td></tr>
<tr><td colspan="4">教师签字:</td><td colspan="3" align="center">年　　月　　日</td><td align="center">得分</td><td></td></tr>
</table>

2.自我评价

(1)完成此次任务过程中存在哪些问题?

_____

_____

(2)产生问题的原因是什么?

_____

_____

(3)请提出相应的解决问题的方法。

_____

_____

(4)还需要加强哪些方面的指导(实际工作过程及理论知识)?

_____

_____

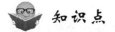 **知识点**

建设工程定额

一、建设工程定额的概念

所谓定额,定,就是规定,额,就是额度或限度。从广义上来讲,定额就是规定在产品生产中人力、物力或资金消耗的标准额度或限度,即标准或尺度。

在建设工程施工过程中,为了完成一定的合格产品,就必须消耗一定数量的人工、材料、机械台班和资金,这种消耗的数量受各种生产因素及生产条件的影响。简单地讲,建筑工程定额就是只在合理的劳动组织及合理地使用材料和机械的条件下,完成单位合格产品所必须消耗的资源数量标准。

定额中规定资源消耗的多少反映了定额水平。定额水平是一定时期社会生产力的综合反映。在制定建筑工程定额、确定定额水平时,要正确地、及时地反映先进的建筑技术和施工管理水平,以促进新技术的不断推广和提高,施工管理的不断完善,达到合理使用建设资金的目的。

例如:在《铁路桥涵工程预算定额》中,石砌涵洞的工作内容包括选、修、洗石,砂浆制作,安砌和养护等全部操作过程。QY-667 定额 100 号砂浆砌筑 $10m^3$ 涵洞片石基础,需要人工 15.71 工天,工费是 131.34 元;材料 425 号水泥 970kg,中粗砂 $3.72m^3$,片石 $12.3m^3$,材料费 315.62 元;机械设备 325L 灰浆搅拌机 0.32 台班,机械使用费 9.27 元。

二、工程定额的特点

1.科学性

工程建设定额的科学性包括两重含义:一是指工程建设定额必须与生产力发展水平相适应,反映出工程建设中生产消耗的客观规律。否则它就难以作为国民经济中计划、调节、组织、预测、控制工程建设的可靠依据,难以实现它在管理中的作用。二是指工程建设定额管理在理论、方法和手段上必须科学化,以适应现代科学技术和信息社会发展的需要。

此外,其科学性还表现在定额制定和贯彻的一体化。制定是为了提供贯彻的依据,贯彻是为了实现管理的目标,也是对定额的信息的反馈。

2.系统性

工程建设定额是相对独立的系统。它是由多种定额结合而成的有机的整体。它的结构复杂,有鲜明的层次,有明确的目标。

工程建设定额的系统性是由工程建设的特点决定的。按照系统论的观点,工程建设就是庞大的实体系统。工程建设定额是为了这个实体系统服务的。因为工程建设本身的多种类、多层次就决定了以它为服务对象的工程建设定额的多种类、多层次。各类工程的建设都有严格的项目划分的建设项目的规划、可行性研究、设计、施工、竣工交付使用,以及投入使用后的维修。与此相适应必然形成工程建设定额的多种类、多层次。

3.统一性

工程建设定额的统一性,主要是由国家对经济发展的有机化的宏观调控职能决定的。为了使国民经济按照规定的目标发展,就需要借助某些标准、定额、参数等,对工程建设进行规划、组织、调节、控制。而这些标准、定额、参数必须在一定范围内有一个统一的尺度,才能实现上述职能,才能利用它对项目的决策、设计方案、投标报价、成本控制进行比选和评价。

工程建设定额的统一性按照其影响力和执行范围来看,有全国统一定额、地区统一定额和行业统一定额等,层次清楚,分工明确,按照定额的制定、颁布和贯彻实施来看,有统一的程序、统一的原则、统一的要求和统一的用途。

4.权威性和强制性

主管部门通过的工程建设定额,具有很大的权威性,这种权威性在一定情况下具有经济法规性质和执行的强制性。权威性反映统一的意志和统一的要求,也反映信誉和信赖的程度。而工程建设定额的权威性和强制性的客观基础是定额的科学性。在当前市场不规范的情况下,赋予工程建设定额以强制性是十分重要的,它不仅是定额作用得以发挥的有力保证,而且也有利于理顺工程建设有关各方的经济关系和利益关系。但是,这种强制性也有相对的一面。在竞争机制引入工程建设的情况下,定额的水平必然受市场供求状况的影响,从而在执行中可能产生定额水平的浮动。准确地说,这种强制性不过是一种限制,一种对生产消费水平的合理限制,而不是对降低生产消费的限制,不是限制生产力发展。

应该提出的是,在社会主义市场经济条件下,对定额的权威性和强制性不应绝对化。定额的权威性虽具有其客观基础,但定额毕竟是主观对客观的反映,定额的科学性会受到人们认识的局限。与此相关,定额的权威性也会受到削弱,定额的强制性也受到新的挑战。在社会主义市场经济条件下,随着投资体制的改革和投资主体多元化格局的形成,随着企业经营机制的转化,他们都可以根据市场经济的变化和自身的情况,自主地调整自己的决策行为。在这里,一些与经营决策有关的工程建设定额的强制性特征,也就弱化了。但直接与施工生产相关的定额,在企业经营机制转换和增长方式转换的要求下,其权威性和强制性还必须进一步强化。

5.稳定性和时效性

工程建设定额中的任何一种都是一定时期技术发展和管理的反映,因而在一段时期内都表现出稳定的状态。保持定额的稳定性是维护定额权威性所必需的,更是有效地贯彻定额所必需的。

三、建设工程定额的作用

(1)在建设工程中,定额仍然是具有节约社会劳动和提高生产效率的作用。一方面企业以定额作为促使工人节约社会劳动和提高劳动效率、加快工作进度的手段,以增加市场竞争能力,获取更多的利润;另一方面,作为工程造价计算依据的各类定额,又促使企业加强管理,把社会劳动的消耗控制在合理的限度内;再者,作为项目决策依据的定额指标,又在更高的层次上促使项目投资者合理而有效地利用和分配社会劳动。这都证明了定额在工程建设中节约社会劳动和优化资源配置的作用。

(2)定额有利于建筑市场公平竞争。定额所提供的准确的信息为市场需求主体和供给主体之间的竞争,以及供给主体和供给主体之间的公平竞争,提供了有利条件。

(3)定额既是投资决策的依据,又是价格决策的依据。对于投资者来说,它可以利用定额权衡自己的财务状况和支付能力,预测资金投入和预期回报,还可以充分利用有关定额的大量信息,有效地提高其项目决策的科学性,优化其投资行为。对于建筑企业来说,企业在投标报价时,只要充分考虑定额的要求,做出正确的价格决策,才能占领市场竞争优势,才能获得更多的工程合同。可见,定额在上述两个方面规范了市场主体的经济行为。因而对完善我国固定资产投资市场和建筑市场,都能起到重要作用。

(4)工程建设定额有利于完善市场的信息系统。定额管理是对大量市场信息的加工,也是对大量信息进行市场传递,同时也是市场信息的反馈。信息是市场体系中不可或缺的要素,它的可靠性、完备性和灵敏性是市场成熟和市场效率的标志。在我国,以定额形式建立和完善市场信息系统,是以公有制经济为主体的社会主义市场经济的特色。

从以上分析可以看出,在市场经济条件下定额管理的手段是不可或缺的。

四、建设工程定额的分类

由于各类建设工程的性质、内容和实物形态有其差异性,建设与管理的内容、要求均不同,工程管理中使用的定额种类也就很多。按建设工程定额的内容、专业和用途的不同,可以对其进行分类。

1. 按生产要素内容分类

按照反映的生产要素消耗内容,建设工程定额可分为人工定额、材料消耗定额、机械台班定额。

2. 按编制程序和用途分类

按照编制程序和定额的用途,建设工程定额可以分为:

(1)施工定额。施工定额是以同一性质的施工过程为标定对象,表示生产产品数量与生产要素消耗综合关系的定额,由人工定额、材料消耗定额和机械台班定额所组成。

施工定额是建筑安装施工企业进行施工组织、成本管理、经济核算和投标报价的重要依据,属于企业定额性质。施工定额直接应用于施工项目的施工管理,用来编制施工作业计划、签发施工任务单、签发限额领料单,以及结算计件工资或计量奖励工资等。施工定额和施工生产紧密结合,施工定额的定额水平反映企业施工生产与组织的技术水平和管理水平。依据施工定额得到的估算成本是企业确定投标报价的基础。

(2)预算定额。预算定额是完成规定计量单位分项工程的人工、材料和机械台班消耗的数量标准。预算定额主要在施工定额的基础上进行综合扩大编制而成,其中的人工、材料和机械台班的消耗水平根据施工定额综合取定,定额项目的综合程度大于施工定额。预算定额是编制施工图预算的主要依据,是编制单位估价表、确定工程造价、控制工程投资的基础和依据。

(3)概算定额。概算定额是以扩大的分部分项工程为对象编制的规定人工、材料和机械台班消耗的数量标准,是以预算定额为基础编制而成的。概算定额是编制初步设计概算的主要依据,是确定建设工程投资的重要基础和依据。

(4)概算指标。概算指标一般是以整个工程为对象,以更为扩大的计量单位规定所需要的人工、材料和机械消耗台班的数量标准。概算指标的设定与初步设计深度相适应,以概算定额和预算定额为基础进行编制,作为编制与设计图纸深度相对应的设计概算的依据。

(5)投资估算指标。投资估算指标通常是以独立的单项工程或完整的工程项目为计算对象编制确定的生产要素消耗的数量标准或项目费用标准,它是依据已建工程或现有工程的价格数据和资料经分析、归纳和整理编制而成的。投资估算指标是在项目建议书、可行性研究阶段编制建设项目投资估算的主要依据。

3. 按编制单位和使用范围分类

按编制单位和使用范围分类,建设工程定额可分为:

(1)国家定额。国家定额是指由国家建设行政主管部门组织,依据有关国家标准和规范、综合全国工程建设的技术与管理状况等编制和发布,在全国范围内使用的定额。

(2)行业定额。行业定额是指由行业建设行政主管部门组织,依据有关行业标准和规范,考虑行业工程建设特点等制定和发布,在本行业内使用的定额。

(3)地区定额。地区定额是指由地区建设行政主管部门组织,考虑地区工程建设特点和情况制定和发布,在本地区内使用的定额。

(4)企业定额。企业定额是指由建筑安装施工企业自行组织,主要依据企业的自身情况,包括人员素质、机械设备程度、技术和管理的特点与习惯等编制,在本企业内部使用的定额。企业定额代表企业的技术和管理水平,反映企业的综合实力,是企业市场竞争的核心竞争力的具体表现。企业的水平不同,企业定额的定额水平也就不同。企业定额用于企业内部的施工生产活动和管理活动,是企业进行投标报价的基础和依据。

4. 按工程专业和性质分类

按工程的专业和性质,建设工程定额可分为:

(1)建筑工程定额。

(2)装饰装修工程定额。

(3)安装工程定额。包括机械设备安装工程定额,电子设备安装工程定额,热力设备安装工程定额,炉窑砌筑工程定额,静止设备与工艺金属结构制作安装工程定额,工业管道工程定额,消防工程定额,给排水、采暖、燃气工程定额,通风空调工程定额,自动化控制仪表工程定额,通信设备及线路工程定额,建筑智能化系统设备安装工程定额,长距离输送管道工程定额等。

(4)市政工程定额。

(5)园林绿化工程定额。

阅读材料

1. 材料员工作程序

现场材料管理是在施工组织设计的统一部署下进行的材料专业管理工作,其主要任务是做好现场材料备、收、管、用、算五个方面的工作。

"备"就是做好施工前的材料准备工作,现场材料人员要参与施工准备,进行材料经济调查,同有关单位商定进料计划,做好现场堆料安排与仓储设置,并按照施工组织设计要求,促使施工部门做好现场"三通一平"、暂设工程搭设及材料进场的各项准备。

"收"就是做好进场材料的验收工作,按工程预算或定包合同材料数量,结合工程进度需要而正确编制材料的进场计划,及时反映用料信息,并按施工进度,组织材料有次序地适时供应;

严格进场材料验收手续,保证质量和数量准确无误,以避免质差、量差、价差的三差损失。

"管"就是遵守规章制度,加强现场的材料管理,坚持进场材料按平面布置堆放,按保管规程进行保管;坚持收、发、领、退、回收、盘点制度;贯彻周转材料的租赁办法,建立"用""管""清"责任制。

"用"就是监督材料合理使用,严格定额供料、定额考核,贯彻节约材料的技术措施,实行材料定包和节奖超罚制度,组织修旧利废,监督班组合理使用材料。

"算"就是加强定额管理、经济核算与统计资料分析工作,并正确填制收、发、领、退各种原始记录和凭证;同时,建立单位工程台账,搞好单位工程耗料核算,以便分析节超原因;填制统计报表,并办理经济签证,及时整理并管好账单和报表资料;建立单位工程材料计划与实际耗用档案,定期统计分析,积累定额资料,总结管理经验,不断提高现场材料管理水平。

2.施工前的现场材料准备工作

施工准备工作是一项细致的技术工作和组织工作,是保证建筑施工有计划、有节奏地顺利进行,多、快、好、省地完成各项施工任务的基础。准备工作做好了就能做到事半功倍,否则就会使各项工作被动。

施工准备工作的基本任务是:掌握建设工程的特点和进度需要,摸清施工的客观条件,经济合理地部署和使用施工力量,积极及时地从技术、物资、人力和组织等方面为建筑施工创造一切必要的条件。

接受施工任务后要现场调查和规划,首先要认识工程项目、建设规模、技术要求与建设期限,而且要对地形、地质、气象、水文等自然条件进行调查,对材料资源、加工能力、交通运输、施工用水和用电以及生活物资供应等经济条件进行调查,了解初步设计后对社会情况及劳动力等进行调查。

施工现场材料准备工作的主要内容可概括为"六查""三算""四落实""一规划"。

(1)"六查"的内容与目的要求。

①查工程合同或协议:包括工程项目建设期限、承建方式和供料方式等。签订合同或协议,以便与建设单位商定材料供应的分工范围、预付款额度、"三差"费用核算方式及其他经济责任的划分。

②查工程设计:包括工程用途、结构特征、建筑面积、工作量、特别材料的选用等。根据工程设计计算主要材料需用量,有无特别材料及品种规格要求,以便安排备料。

③查现场自然经济条件:包括现场地形、气候、当地材料资源、产量、质量、价格、交通运输条件与社会运力等。先查清现场自然经济条件,再进行"三比"经济分析,以便就地就近取材,选择最佳经济效益的货源供应点和运输路线。

④查施工组织设计:包括总平面布置、施工总进度、大型设施搭设、技术措施、主要材料和构件需用计划等。进行施工组织设计,以制定材料仓库的现场堆放位置规划,计算脚手架工具和周转材料用量,以及计算主要材料分期分批进场数量。

⑤查供货资源落实情况:包括建设单位、上级供料部门和市场货源等。落实货源供货情况的目的是平衡配套,提前解决缺口材料。

⑥查管理规章制度:包括上级和本单位制定的各项管理规章制度,并按照现场实际需要与深化改革的要求,拟定切合实际而又简明可行的补充办法。

(2)"三算"的内容与目的要求。

①算主要材料需要量和运输装卸作业量,包括材料品种、规格、质量、数量及用料时间,以

便编制材料需要和供应计划、运输计划,并报送有关单位(供货单位、运输单位、装卸搬运单位)联系解决货源供应、运输、装卸搬运等问题。

②算现场大宗材料及各类构件(钢、木、混凝土构件与成型钢筋等)的用料顺序、时间、批量,据以规划堆放位置与堆放面积,以便按施工顺序、进度、分期分批地组织进场子。

③算各类仓库(包括木材、模板、架料等)的储存容量,确定规模与人员配备,既为合理存放提供必要条件,又可节约开支不增大临时设施费用。

(3)"四落实"的内容与目的要求。

①落实单位工程施工图预算、施工预算和现场平面布置,核实材料需要计划与材料供应计划,向单位工程、承包班组核发材料,安排大宗材料直达现场堆放。

②落实各类构件的加工订货与交货日期以及配套生产情况,为有计划地合理组织施工提供信息。

③落实建设单位、供料部门和自购材料的供料时间安排,向施工部门提供正确的供料信息,为制订施工作业计划作参考,使供料部门各种管理人员做到心中有数,并对材料进场事先做好安排。

④落实节约材料技术措施,要与有关部门配合督促检查,促进主要材料节约指标的实现。

(4)"一规划"的内容与目的要求。

"一规划"就是要切实做好现场大宗材料堆放位置的平面规划。"一规划"是根据现场工程施工的进展情况,再结合不同施工阶段的不同情况、不同特点、不同条件,因地制宜地对材料堆放进行合理规划和布置。"一规划"的目的要求是:尽量做到进料一次就位,避免二次转运;尽量靠近用料地点,以缩短运距,提高工效;做到道路畅通,以保证进料、领料、施工生产互不发生干扰。

3. 工程预算

施工企业根据建设预算编制施工计划,根据施工预算所计算的材料、人工和机械台班数量,进行施工备料以及对劳动力和施工机械的组织调度。因此施工图预算是施工企业加强经济核算的依据,同时也是签订工程合同、办理工程拨款和竣工结算的依据。既然工程预算如此重要,那么怎样才能搞好工程预算,保证企业经济核算顺利进行呢?

首先应该熟悉施工图纸并检查图纸是否齐全,图纸各部分尺寸是否有错误,发现问题后要及时与设计部门取得联系,补全设计图纸或取得设计变更通知单作为预算依据。

其次要注意熟悉定额和有关施工组织设计,根据施工图纸要求确定工程量计算项目。还要到现场了解情况,并结合施工方法和现场具体条件,根据确定的计算项目和工程量计算规则,按照预算定额的顺序进行工程量计算。在计算工程量时一定要仔细认真,尽量避免缺项和漏项。工程量计算完毕后就要编制预算表,根据设计图纸的要求,正确选择相应预算单位,并将分项工程的工程量和该项单价相乘,即得出分项工程的价值,最后将分项工程的预算价值汇总,即得出该工程项目的直接费。工程直接费算出后根据企业资质、工程类别和取费程序计算出其他直接费、综合费用、定额编制管理费和税金等,然后汇总,就求出工程预算造价。通过工料分析还可以求出工程需要的定额工日、材料用量。

4. 物资计划管理

材料需用计划一般包括一次性需用计划和各计划期的需用计划。编制需用计划的关键是确定需用量。

（1）项目一次性需用计划需用量的确定。

一次性需用计划反映整个项目及各分部、分项的材料需用量,亦称项目材料分析。其主要用于组织物资和专用特殊材料、制品的落实。其编制的主要依据是:设计文件（图纸）、施工方案、技术措施计划、相关的材料消耗定额。

计算程序大致分三步:第一步根据设计文件、施工方案和技术措施计算项目各分部、分项的工程量。第二步根据各分部、分项的工作量套取相应的材料消耗定额,求得各分部、分项各种材料的需用量。第三步汇总各分部、分项的材料需用量,求得整个项目各种材料的总需用量。

计算各分部、分项材料需用量的基本计算公式是:

$$某项材料需用量＝某分项工程量×该项材料单位消耗定额$$

（2）计划期需用量的编制。

计划期材料需用量一般指年、季、月度用料计划,主要用于组织材料采购、订货和供应。其主要的编制依据是:工程项目一次性计划、计划期的施工进度计划及有关材料的消耗定额。编制方法有两种:一是计算法,二是卡段法。

计算法是计划期施工进度计划中的各分部、分项的量,套取相应的材料单位消耗定额,求得各分部、分项的需用量,然后再汇总求得计划期内各种材料的总需用量。

卡段法是根据计划期施工进度的形象部位,从项目一次性计划中摘出与施工计划相应部位的材料需用量,然后汇总求得计划中摘出与施工计划相应部位的材料需用量,然后汇总求得计划期各种材料的总需用量。

任务二　劳动定额、机械台班定额的应用

一、任务描述

某铁路路基工程人力土方装卸汽车工程量为 $10000m^3$,根据项目情况计算工期及劳动配备。

二、学习目标

1.能按照正确的方法和途径,使用定额,进行时间定额和产量定额计算;
2.能依据定额查询结果计算工期和劳动配备。

三、任务实施

（一）学习准备

引导问题1:什么是劳动定额? 劳动定额的具体表现形式有哪两种? 分析这两种表现形式之间的关系。

引导问题 2：劳动时间定额和产量定额的发展趋势是提高还是降低？时间定额和产量定额有哪些关系？

_____

_____

_____

引导问题 3：如何根据劳动定额计算出完成某工程任务所需的人工工日需用量、工期、所需工人数量即劳动配备？

_____

_____

_____

引导问题 4：什么是机械台班使用定额？机械台班定额的具体表现形式有哪两种？分析这两种表现形式之间的关系。

_____

_____

_____

引导问题 5：如何根据机械台班定额计算出完成某工程任务所需的机械台班需用量、工期、所需配备的机械台数？

_____

_____

_____

_____

(二)实施任务

【案例】

某铁路路基工程人力装普通土,汽车运,工程量 10000m³,根据提供的人力土方装卸汽车的定额完成下列问题。

表 1-3 为铁路路基工程人力土方装卸汽车的时间定额。

表 1-3 人力土方装卸汽车

工作内容:开关车门,用锹装、卸土,10m 以内翻装运,清理车厢和装卸土场地

单位:工日/10m³

编号	L0040	L0041	L0042	L0043	L0044	L0045
项目	装土			卸土		
	松土	普通土	硬土	松土	普通土	硬土
时间定额	1.50	1.69	1.84	0.512	0.579	0.628

注:该表摘自铁道部"劳部发〔2011〕284 号《铁路路基工程劳动定额标准》"。

引导问题 1:分析该铁路路基工程人力装普通土应选择的人工定额编号。

_____

_____

_____

引导问题 2:计算完成该工程内容所需要的人工消耗量。

_____

_____

_____

引导问题 3:若工期要求 60 天,计算所应配备的施工人数。

_____

_____

_____

引导问题 4:若可使用的施工人数为 15 人,计算完成该任务所需的工作时间。若工期要求 60 天,计算确定还应增加工人人数。

_____

_____

_____

引导问题 5:从以上问题总结劳动定额有哪些用途?

_____

_____

_____

_____

四、任务评价

1.填写任务评价表

任务评价表							
考核项目	分数			学生自评	小组互评	教师评价	小计
	差	中	好				
自学能力	8	10	13				
是否积极参与活动	8	10	13				

言谈举止	工作过程安排是否合理规范	8	16	26			
	陈述是否完整、清晰	7	10	12			
	是否正确灵活运用已学知识	7	10	12			
是否具备团队合作精神		7	10	12			
成果展示		7	10	12			
总计		52	76	100			
教师签字：			年　　月　　日			得分	

2.自我评价

(1)完成此次任务过程中存在哪些问题?

_____

_____

(2)产生问题的原因是什么?

_____

_____

(3)请提出相应的解决问题的方法。

_____

_____

(4)还需要加强哪些方面的指导(实际工作过程及理论知识)?

_____

_____

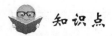 **知识点**

劳动消耗定额

一、劳动定额

1.劳动定额的概念

劳动定额是指在一定的生产和技术条件下,生产合格的单位产品或工作量应该消耗的劳动量(一般用劳动或工作时间来表示)标准或在单位时间内生产产品或完成工作量的标准。劳动定额也称人工定额、工时定额或工日定额,蕴涵着生产效益和劳动合理运用的标准,反映了建筑安装工人劳动生产率的先进水平,不仅体现了劳动与产品的关系,还体现了劳动配备与组织的关系,它是计算完成单位合格产品或单位工程量所需人工的依据。

劳动定额按其表示形式有时间定额和产量定额两种。

（1）时间定额是指在一定的生产技术和生产组织条件下，某工种、某技术等级的工人小组和个人，完成单位合格产品所必须消耗的工作时间。以工日为单位。如对车工加工一个零件、装配工组装一个部件或一个产品所规定的时间；对宾馆服务员清理一间客房所规定的时间。

（2）产量定额是指在一定的生产技术和生产组织条件下，某工种、某技术等级的工人小组和个人，在单位时间（工日）内完成合格产品的数量。以产品计量单位表示。如对车工规定一小时应加工的零件数量、对装配工规定一个工作日应装配的部件或产品的数量；对宾馆服务员规定一个班次应清理客房的数量。

工时定额和产量定额互为倒数，工时定额越低，产量定额就越高；反之，工时定额越高，产量定额就越低。在制造业里，单件小批生产的组织主要采用工时定额；大批量生产的组织主要采用产量定额。

2. 劳动定额的作用

劳动定额的作用主要表现在组织生产和按劳分配两个方面。具体作用如下：

（1）是建筑企业内部组织生产、编制施工作业计划的依据；

（2）是向施工班组签发施工任务书、考核工效的依据；

（3）是企业内部承包中计算人工、实行按劳分配和经济核算的依据；

（4）是编制概预算定额人工部分的基础。

3. 劳动定额的应用

劳动定额的应用非常广泛，下面举例说明劳动定额在生产计划中的一般用途。

例：某工程有 $79m^2$ 水刷石墙面（分格），每天有 12 名工人在现场施工。试计算完成该工程所需施工天数。

解：完成该工程所需劳动量$=3.02 \times 7.9=23.86$（工日）

需要的天数$=23.86 \div 12 \approx 2$（天）

例：某住宅工程有水刷石墙面（分格）$3315m^2$，计划 25 天完成任务，问安排多少人才能完成该项任务？

解：该工程所需劳动量$=331.5 \times 3.02=1001.13$（工日）

该工程每天需要人数$=1\,001.13 \div 25 \approx 40$（人）

二、机械台班消耗定额

1. 机械台班消耗定额的概念

机械台班消耗定额，简称机械台班定额。它是指施工机械在正常的施工条件下，合理地、均衡地组织劳动和使用机械时，该机械在单位工日内的生产效率。

机械台班定额按其表现形不同可分为机械时间定额和机械产量定额两种。

（1）机械时间定额。

机械时间定额是指在合理的劳动组织与合理使用机械条件下，生产某一单位合格产品所必须消耗的机械台班数量。

（2）机械产量定额。

机械产量定额是指在合理的劳动组织与合理使用机械条件下，规定某种机械在单位时间（台班）内，必须完成合格产品的数量。

机械时间定额与机械产量定额互为倒数关系。

2.机械台班定额计算

例:轮胎式起重机吊装大型屋面板,机械纯工作1h的正常生产率为12.362块,工作班8h实际工作时间为7.2h,求机械台班的产量定额和人工时间定额。(工人小组由13人组成)

解:机械台班的产量定额:12.362×7.2=89(块/台班)

人工时间定额=小组成员工日数总和/台班产量 = 13÷89=0.146(工日/块)

任务三 材料消耗定额的应用

一、任务描述

某项目砌筑砖墙和浇筑混凝土,要求物资人员结合项目计划要求确定材料消耗施工定额,再根据项目工作量做好计划采购量和限额供料量确定控制材料成本。

二、学习目标

1.依据材料消耗的构成计算材料消耗定额;

2.依据材料消耗的构成计算限额发料量、采购量。

三、任务实施

(一)学习准备

引导问题1:进入工程实体的材料消耗量一般称为(   ),材料在施工操作过程中不可避免的损耗称为(   ),在运输、装卸、保管过程中不可避免的损耗称为(   )。

A.净用量 B.工艺损耗 C.管理损耗(非工艺损耗)

引导问题2:分析了材料消耗的构成后,定额测定工作就可开展,首先测定净用量,再测算损耗量。净用量的测算方法主要有哪几种?

_____

_____

_____

引导问题3:损耗量由于损耗过程难以跟踪测算,一般用损耗率来表示,分析总消耗量、净用量、损耗量、损耗率之间的关系。

_____

_____

引导问题4:材料消耗施工定额中材料的数量应包括(   ),材料消耗预算定额中材料的数量应包括(   ),限额领料量是根据工程量与(   )计算得出的;材料采购量其数量是根据工程量与(   )计算得出的。

A. 净用量＋工艺损耗 B. 净用量＋工艺损耗＋非工艺损耗

C. 材料消耗施工定额 D. 材料消耗预算定额

(二)实施任务

【案例1】

现场现浇 C30 钢筋混凝土柱子 60m³,采用 52.5 级普通水泥,粗集料用粒径为 5～40mm 的碎石。按配合比每立方米 C30 混凝土用料:52.5 级水泥 0.352t,砂(中粗)0.587t,碎石 1.256t。

引导问题 1:现场现浇混凝土操作损耗率 1.2%,计算水泥、砂、碎石的施工定额。

_____

_____

_____

引导问题 2:计算水泥、砂、碎石三种材料的限额领料数量。

_____

_____

_____

引导问题 3:材料的管理损耗率分别为:水泥 1.3%、砂 1.5%、碎石 3%。计算水泥、砂、碎石的消耗预算定额。

_____

_____

_____

引导问题 4:计算水泥、砂、碎石三种材料的预算用量。

_____

_____

_____

_____

【案例2】

砌标准砖混水墙用 M5 混合砂浆砌筑,水平及垂直灰缝为 10mm。标准砖规格为 240mm× 115mm×53mm。

引导问题 1:计算每立方米砖墙用砖数。

_____

_____

_____

提示:砖的净用量理论计算公式为

$$\frac{K}{墙厚\times(砖长+灰缝)\times(砖厚+灰缝)}$$

式中:K 为墙厚的砖数×2(墙厚的砖数是 0.5 砖墙,1 砖墙,1.5 砖墙……)。

引导问题 2:若现场操作损耗率分别为:砂浆 1.5%。另查每立方米 M5 号混合砂浆的用料为:42.5 级水泥 204kg,砂(中粗)1378kg,石灰膏 146kg。计算各种材料消耗施工定额。

_____

_____

_____

引导问题 3:若项目节约措施要求管理损耗率目标分别为:水泥 1.3%、砂 1.5%、石灰膏 1.0%。计算各种材料消耗预算定额。

_____

_____

_____

_____

四、任务评价

1.填写任务评价表

<table>
<tr><th colspan="9">任务评价表</th></tr>
<tr><th rowspan="2" colspan="2">考核项目</th><th colspan="3">分数</th><th rowspan="2">学生自评</th><th rowspan="2">小组互评</th><th rowspan="2">教师评价</th><th rowspan="2">小计</th></tr>
<tr><th>差</th><th>中</th><th>好</th></tr>
<tr><td colspan="2">自学能力</td><td>8</td><td>10</td><td>13</td><td></td><td></td><td></td><td></td></tr>
<tr><td colspan="2">是否积极参与活动</td><td>8</td><td>10</td><td>13</td><td></td><td></td><td></td><td></td></tr>
<tr><td rowspan="3">言谈举止</td><td>工作过程安排是否合理规范</td><td>8</td><td>16</td><td>26</td><td></td><td></td><td></td><td></td></tr>
<tr><td>陈述是否完整、清晰</td><td>7</td><td>10</td><td>12</td><td></td><td></td><td></td><td></td></tr>
<tr><td>是否正确灵活运用已学知识</td><td>7</td><td>10</td><td>12</td><td></td><td></td><td></td><td></td></tr>
<tr><td colspan="2">是否具备团队合作精神</td><td>7</td><td>10</td><td>12</td><td></td><td></td><td></td><td></td></tr>
<tr><td colspan="2">成果展示</td><td>7</td><td>10</td><td>12</td><td></td><td></td><td></td><td></td></tr>
<tr><td colspan="2">总计</td><td>52</td><td>76</td><td>100</td><td></td><td></td><td></td><td></td></tr>
<tr><td colspan="5">教师签字: 年 月 日</td><td colspan="3">得分</td><td></td></tr>
</table>

2.自我评价

(1)完成此次任务过程中存在哪些问题?

_____

(2)产生问题的原因是什么？

(3)请提出相应的解决问题的方法。

(4)还需要加强哪些方面的指导(实际工作过程及理论知识)？

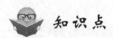 知识点

材料消耗定额概述

一、材料消耗定额的概念

材料消耗定额是指在一定生产技术条件下,为生产单位产品或完成单位工程量而合理消耗材料的数量标准。

材料消耗定额的一定条件是指施工生产技术、工艺、管理水平、材质、工人等因素处于正常状态,即处于"一定条件"的范围内。

材料消耗定额确定的是完成单位产品(工程量)而合理消耗材料的数量标准,即在一定条件下完成单位产品(工程量)的必要消耗,不含可以避免的浪费或损耗;其次是合理消耗材料的数量限额。

二、材料消耗定额的作用

材料成本占工程成品的70％左右,节约用料是材料管理的重要内容。材料消耗定额在材料计划、运输、供应、使用等环节中起重要作用。材料消耗定额是材料管理的基本标准和依据,其作用表现为:

1.是编制材料计划的基础

编制材料计划必须清楚工程所需各种材料的数量,才能有的放矢地开展工作。施工生产中所需材料的数量是根据实物工程量和材料消耗定额计算出来的,离开了材料消耗定额,材料计划也就失去了标准和依据。

正确编制材料供应计划,要以合理的材料定额计算需用量,即以工程实物数量乘以材料消耗定额求得材料需用量。

编制和确定工程预算材料费用时,需要以材料消耗定额为依据。其计算公式为:

$$工程预算材料费用 = \sum(分部分项工程实物量 \times 材料消耗预算定额 \times 材料单价)$$

2.是控制材料消耗的依据

为了控制材料消耗,建筑企业普遍实行限额领料制度,各种材料的用料限额由材料消耗定

额确定。材料消耗定额是在工程实践基础上,采用数理统计分析等科学方法,经过多次测算制定出来的,代表了企业材料消耗的平均水平,可以保证施工生产在合理的消耗范围内用料。

3.是推行经济责任制的重要条件

实行经济责任制的重要内容之一是确定耗用材料的经济责任。应依据材料消耗定额计算工程材料用量,以作为材料的消耗标准,再依据承包者耗用材料的节超情况分别奖励或惩罚。

4.是加强经济核算的基础

材料核算是建筑企业经济核算的主要内容之一。通过核算必须以材料消耗定额作为标准,分析工程施工实际材料消耗水平。根据材料成本的节约或超支情况,寻找降低成本的途径。

5.是提高经营管理水平的重要手段

材料消耗定额是建筑企业经营管理的基础工作之一。通过材料消耗定额管理,促使企业有关部门研究物资管理工作,改善施工组织方法,改进操作技术,从而提高经营管理水平。

三、材料消耗定额的分类

1.按用途分类

(1)材料消耗概算定额。

材料消耗概算定额指在设计资料不齐全及有较多不确定因素的条件下,用以估算建筑工程所需材料数量的定额。材料消耗概算定额、劳动概算定额、机械台班概算定额组成了建筑工程概算定额。

材料消耗概算定额主要用于估算建筑工程的材料需用量,为编制材料备料计划提供依据。材料消耗概算定额主要有以下几种:

①万元产值材料消耗定额(简称万元定额):即每万元施工产值材料消耗的数量标准,它是一定的统计期某种材料的总消耗量和完成的施工产值的比值。公式如下:

每万元施工产值某种材料的消耗定额=统计期某种材料的总消耗量÷统计期完成的施工产值

测定万元定额时,因工程类型各异,每万元按施工产值消耗的材料差异较大。使用万元定额时,应分析实际工程的类型,选用相应的定额。此外还应分析建筑产品价格变动情况,根据变动幅度对万元定额加以修正。

②单位建筑面积材料消耗定额(简称平方米定额):即每平方米建筑面积材料消耗的数量标准,它是一定统计期竣工工程材料消耗量和竣工工程面积的比值。公式如下:

每平方米某种材料的消耗定额=统计期竣工工程该种材料的消耗量÷统计期竣工工程面积

建筑工程的结构类型不同,所以消耗的数量不同。因此,测定平方米定额必须区分工程的结构类型,分别制定。和万元定额相比,平方米定额不受价格变动的影响,使用时仍需根据变化的情况对定额加以调成,才能保证准确性、适用性。

③分部(分项)工程实物工程量材料消耗综合定额:即单位分部(分项)工程实物工程量所消耗材料的数量标准,这种定额一般也是按照统计资料测算。公式如下:

$$某分部(分项)工程某种材料消耗定额 = \frac{统计期该分部(分项)工程消耗该种材料的数量}{统计期该分部(分项)工程的实物工程量}$$

分部(分项)工程实物工程量材料消耗综合定额比平方米定额更详细一些,接近于预算定额,只是项目划分得综合一些。

(2)材料消耗预算定额。

材料消耗预算定额是指由各地方政府主管部门统一制定,用以计算建筑商品价格的定额。材料消耗预算定额是建筑工程预算定额的组成部分。

材料消耗预算定额反映各地区材料消耗的社会平均水平,具有统一标准的作用,是甲乙双方结算材料价款的依据,各单位在使用中不得更改(有规定的除外)。材料消耗预算定额反映某一地区材料消耗的社会平均水平,制定时必须依据现行设计标准、设计规范、标准图纸、施工验收等规范、质量检验评定标准、操作规程,合理的施工组织设计、施工条件、当地消耗水平等因素,经反复测算后确定。材料消耗预算定额测定颁发后,只能由颁发单位统一组织修订。一般以分部(分项)工程为单位确定材料的消耗量。

材料消耗预算定额主要用于编制施工图预算。如果企业用以便编制材料计划,供内部施工生产使用,则可根据实际需要调整。

(3)材料消耗施工定额。

材料消耗施工定额是建筑企业内部编制材料计划、限额发料的定额。材料消耗施工定额是建筑工程施工定额的组成部分,是由建筑企业自行编制的材料消耗的数量标准。材料消耗施工定额是建筑企业管理标准的组成部分。

材料消耗施工定额和材料消耗预算定额相似,但又有区别。主要区别如下:

①材料消耗施工定额是由企业自行编制的,适用于企业内部;材料消耗预算定额是由政府主管部门编制的,适用于一个地区。

②材料消耗施工定额按本企业实际的施工条件和生产经营管理水平制定,而材料预算定额按地区社会平均水平编制。

③材料消耗施工定额的项目接近操作程序,项目划分一般较细;材料消耗预算定额重在定价,项目划分一般综合些。

④材料消耗施工定额主要是材料消耗的实物量,而材料消耗预算定额强调实物量和价值量的统一。

对建筑企业而言,材料消耗预算定额决定企业收入,材料消耗施工定额是企业计划支出的标准。所以,材料消耗施工定额的水平必须高于材料消耗预算定额的水平,即材料消耗施工定额的材料消耗量应低于材料消耗预算定额的材料消耗量。

2.按材料分类

(1)主要材料(结构件)消耗定额。主要材料和结构件直接构成工程实体,一次性消耗。定额由净用量加一定损耗构成。

(2)其他材料消耗定额。其他材料是建筑产品生产的辅助材料,不直接构成工程实体。其用量较少,单品种多而繁杂,一般通过主要材料间接确定,在预算定额中常不列出品种,而只列出其他材料费。

(3)周转材料(低值易耗品)消耗定额。周转材料和低值易耗品可以多次使用,逐渐消耗并转移价值。在定额中,周转材料只列每周转一次的摊销量。使用周转材料消耗定额时,必须注意到这个特点。

3.按范围分类

(1)建筑工程材料消耗定额:指建筑企业施工用材料的定额,例如材料消耗概算定额、预算定额、施工定额都属于这一类,是材料管理工作的主要定额。

(2)附属生产材料消耗定额:指建筑企业所属附属企业生产的材料消耗定额。附属企业的生产活动属于工业生产,与施工活动的性质不同,需另外制定消耗定额。

(3)维修用材料消耗定额:指建筑企业生产活动经营中,为保证设备等固定资产正常运转,在维修时消耗各种材料的定额。

四、材料消耗及材料消耗定额的构成

为了了解材料消耗定额的构成,首先应清楚材料消耗的组成。

1.材料消耗的构成

建筑工程的材料消耗一般由有效消耗、工艺损耗和管理损耗三部分组成。

(1)有效损耗:指构成工程实体的材料净用量。

(2)工艺损耗:指由于工艺原因,在施工准备过程和施工过程中发生的损耗。工艺损耗又称施工损耗,包括操作损耗、余料损耗和废品损耗。

(3)管理损耗:指由于管理原因,在材料管理过程中发生的损耗,又叫非工艺损耗,包括运输损耗、保管损耗等。

2.材料消耗定额的构成

材料消耗定额的实质就是材料消耗量的限额,一般由有效消耗和合理损耗组成。材料消耗定额的有效消耗部分是固定的,所不同的只是合理损耗部分。

(1)材料消耗施工定额的组成。

$$材料消耗施工定额 = 有效消耗 + 合理的工艺损耗$$

材料消耗施工定额主要用于企业内部施工现场的材料消耗管理,因而一般不包括管理损耗。当然,这也不是绝对的。随着材料使用单位(工程承包单位)范围的扩大,材料消耗施工定额应包含相应的管理损耗。

(2)材料消耗预算定额的构成。

$$材料消耗预算定额 = 有效消耗 + 合理的工艺损耗 + 合理的管理损耗$$

材料消耗预算定额是地区的平均消耗标准,反映建筑企业完成建筑产品生产全过程的材料消耗平均水平。建筑产品生产的全过程涉及各项管理活动,材料消耗预算定额不仅应包括有效消耗与合理的工艺损耗,还应包括合理的管理损耗。

五、材料消耗定额的制定方法

制定材料消耗定额的目的是既要保证施工生产的需要,又要降低消耗,从而提高企业的经营管理水平,取得最佳经济效益。

1.制定材料消耗定额的要求

(1)定质。

定质即对建筑工程或产品所需的材料品种、规格、质量作正确的选择,务必达到技术上可靠、经济上合理和采购供应上的可能。具体考虑的因素和要求是:品种、规格和质量均符合工程(产品)的技术设计要求,有良好的工艺性能,便于操作,有利于提高工效;采用通用、标准材料,尽量避免采用稀缺昂贵材料。

（2）定量。

定量的关键在于定损耗量。消耗定额中的净用量一般是不变的量。定额的先进性主要反映在对损耗量的合理判断上，即如何科学、正确、合理地判断损耗量的大小，它是制定消耗定额的关键。

2. 制定材料消耗定额的方法

（1）技术分析法。

技术分析法指根据施工图纸、设计资料、施工规范、工艺流程、设备要求、材料品种、规格等资料，采用一定方法计算材料消耗定额的方法。具体步骤如下：

①计算净用量。

净用量是组成材料消耗定额的主要内容，一般有两种方法：

分项工程只有一种主要材料，如制作铝合金门窗、安装玻璃窗等，可以直接根据施工图纸计算净用量。

分项工程由多种材料构成，如砌砖工程、混凝土工程，应先确定各种主要材料的比例，然后根据施工图纸和主要材料比例计算净用量。

②确定损耗率。

根据施工工艺、施工规范、材料质量、设备要求、历史资料和管理水平测算损耗率。

$$管理损耗率＝（管理损耗量÷消耗总量）×100\%$$
$$工艺损耗率＝（工艺损耗量÷消耗总量）×100\%$$

③计算材料消耗定额。

$$材料消耗预算定额＝净用量÷（1－损耗率）$$
$$材料消耗施工定额＝材料消耗预算定额×（1－管理损耗率）$$

例： 现浇钢筋混凝土梁，用 42.5 普通硅酸盐水泥、5～40mm 碎石、中砂，要求混凝土强度等级为 C30，试确定其材料消耗定额。

解： ①计算净用量。

浇筑 $1m^3$ 梁的混凝土净用量为 $1m^3$。根据技术要求知 C30 混凝土材料配合比为：42.5 水泥 366kg、中砂 635kg、碎石 1178kg。

②确定损耗率。

根据有关资料得知，现浇筑混凝土梁的工艺损耗率为 1.2%，水泥管理损耗率为 1.3%，中砂管理损耗率为 1.5%，碎石管理损耗率为 3%。

③计算混凝土梁的材料消耗预算定额。

混凝土净用量＝1/（1－1.2%）＝1.0121（m^3）

42.5 水泥定额用量＝366×1.012/（1－1.3%）＝375.27（kg）

中砂定额用量＝635×1.012/（1－1.5%）＝652.41（kg）

碎石定额用量＝1178×1.012/（1－3%）＝1229.01（kg）

④计算混凝土梁的材料消耗施工定额。

42.5 水泥定额用量＝375.27×（1－1.3%）＝370.39（kg）

中砂定额用量＝652.41×（1－1.5%）＝642.62（kg）

岁石定额用量＝1229.01×（1－3%）＝1192.14（kg）

（2）标准试验法。

标准试验法指在实验室用专门仪器设备测试确定材料消耗量的方法。在标准条件下，实验确定的材料消耗定额量还应按照实际条件进行调整。此法适用于砂浆、混凝土、沥青柔性防水屋面等材料消耗量的测定。

（3）统计分析法。

统计分析法即按某分项工程实际材料消耗量与完成的实物工程量统计的数量求出平均消耗量。在此基础上，再根据计划期与原统计期的不同因素作适当调整，最终确定材料消耗定额。

采用统计分析法时，为确保定额的先进水平，通常按以往实际消耗的平均先进数作为消耗定额。求平均先进数是从同类型结构工程的 10 个单位工程消耗量中扣除上、下各两个最低和最高值后，取中间六个消耗量的平均值；或者对一定时期内总平均数先进的各个消耗值求平均值，这个新的平均值即为平均先进数。现举例见表 1-4。

表 1-4 某产品消耗的某种材料统计表

月份 项目	7 月	8 月	9 月	10 月	11 月	12 月	合计
产量	80	80	80	90	110	100	540
材料消耗量（kg）	960	880	800	891	1045	824	5400
单耗（kg）	12	11	10	9.9	9.5	8.24	10

从表 1-4 中可以看出，7—12 月每月用料的平均消耗为 10kg。其中，7、8 两个月的单耗大于平均单耗，9 月的单耗与平均单耗相等，10—12 月的单耗低于平均单耗，这三个月的单耗即为先进数。用这三个月的材料消耗计算出来平均单耗，即为平均先进数。计算式为：（891＋1054＋824）÷（90＋110＋100）＝2760÷300＝9.23（kg）。

（4）经验估算法。

经验估算法是根据有关定额定额制定的业务相关人员、操作者、技术人员的经验或已有资料，通过估算来制定材料消耗定额的方法。经验估算法具有实践性强、简便易行、制定迅速的优点，其缺点是缺乏科学计算依据、因人而异、准确度较差。

经验估算法常用于急需的临时估算，或无统计资料或虽有消耗量但不易计算（如某些辅助材料、工具、低值易耗品）的情况。此法也称"估工估料"，应用较普遍。

（5）现场测定法。

现场测定法是组织有经验的施工人员、老工人、业务人员，在现场实际操作过程中对完成单一产品的材料消耗量进行实际观察、查定、写实记录，用以制定定额的方法。

现场测定法的优点是目睹现实，真实可靠，易发现问题，利于消除一部分消耗不合理的浪费因素，提供较为可靠的数据和资料。但这种方法工作量大，且在具体施工操作中实测较难，还不可避免地会受到工艺技术条件、施工环境因素和参测人员水平的限制。

任务四　材料消耗预算定额的应用

一、任务描述

某项目开工准备阶段根据所具备的资料情况选择合适的定额编制阶段性材料需求计划，以确保工程开工初始阶段的施工用料。

二、学习目标

1. 能查出分项工程所适用的定额编号；
2. 能对定额进行换算。

三、任务实施

(一)学习准备

引导问题 1：查定额的步骤有哪些？

_____

_____

_____

引导问题 2：当设计的规格、品种与定额不符时，如何计算按此项目的设计所消耗的材料费用？

_____

_____

_____

引导问题 3：当设计中砂浆或混凝土的集料粒径与定额不符时，应如何调整水泥用量？

_____

_____

_____

引导问题 4：施工中运距超过定额项目表中子项目基本运距，应如何调整工、料、机数及基价？

_____

_____

_____

引导问题 5：施工中运距超过定额项目表中工作内容规定的运距，应如何调整工、料、机数及基价？

_____

_____

_____

引导问题 6：如何进行体积换算？

_____

_____

_____

引导问题7:为什么要进行补充定额的编制？如何编制补充定额？

(二)实施任务

引导问题1:《铁路工程预算定额》第二册桥涵工程(2011年度)QY-247中,重力式钢筋混凝土沉井井身C25混凝土($10m^3$),所用普通水泥42.5级水泥3662.00kg,中粗砂5.78m^3,碎石粒径40以内8.72m^3,预算定额基价2065.24元。设计要求沉井井身混凝土强度等级为C30,计算此预算定额基价。

引导问题2:陆上桥墩(墩高≤30m)C30混凝土顶帽施工,使用细砂,调整此工作项目定额水泥用量。

引导问题3:计算铲斗≤8m^3拖式铲运机铲运普通土,运距500m的定额基价。

引导问题4:桥涵基坑施工中,机械钻眼开挖石方卷扬机提升,并用架子车运往离基坑250m处堆弃,基坑土壤为软石,基坑深3m以内无水,试确定此工作项目的定额基价。

引导问题5:某钢筋混凝土盖板涵防水层设计采用三层热沥青、两层浸制麻布,分析基价。

引导问题6:某段设计速度为200km/h的铁路区间路基工程,挖方和填方均为普通土,工

程量分别为 4000m^3 和 6000m^3 ,计算外购土方量。

_____

_____

_____

_____

四、任务评价

1.填写任务评价表

<table>
<tr><td colspan="10" align="center">任务评价表</td></tr>
<tr>
<td rowspan="2" align="center">考核项目</td>
<td colspan="3" align="center">分数</td>
<td rowspan="2" align="center">学生自评</td>
<td rowspan="2" align="center">小组互评</td>
<td rowspan="2" align="center">教师评价</td>
<td rowspan="2" align="center">小计</td>
</tr>
<tr>
<td align="center">差</td>
<td align="center">中</td>
<td align="center">好</td>
</tr>
<tr>
<td colspan="2" align="center">自学能力</td>
<td align="center">8</td>
<td align="center">10</td>
<td align="center">13</td>
<td></td><td></td><td></td><td></td>
</tr>
<tr>
<td colspan="2" align="center">是否积极参与活动</td>
<td align="center">8</td>
<td align="center">10</td>
<td align="center">13</td>
<td></td><td></td><td></td><td></td>
</tr>
<tr>
<td rowspan="3" align="center">言谈举止</td>
<td align="center">工作过程安排是否合理规范</td>
<td align="center">8</td>
<td align="center">16</td>
<td align="center">26</td>
<td></td><td></td><td></td><td></td>
</tr>
<tr>
<td align="center">陈述是否完整、清晰</td>
<td align="center">7</td>
<td align="center">10</td>
<td align="center">12</td>
<td></td><td></td><td></td><td></td>
</tr>
<tr>
<td align="center">是否正确灵活运用已学知识</td>
<td align="center">7</td>
<td align="center">10</td>
<td align="center">12</td>
<td></td><td></td><td></td><td></td>
</tr>
<tr>
<td colspan="2" align="center">是否具备团队合作精神</td>
<td align="center">7</td>
<td align="center">10</td>
<td align="center">12</td>
<td></td><td></td><td></td><td></td>
</tr>
<tr>
<td colspan="2" align="center">成果展示</td>
<td align="center">7</td>
<td align="center">10</td>
<td align="center">12</td>
<td></td><td></td><td></td><td></td>
</tr>
<tr>
<td colspan="2" align="center">总计</td>
<td align="center">52</td>
<td align="center">76</td>
<td align="center">100</td>
<td></td><td></td><td></td><td></td>
</tr>
<tr>
<td colspan="5">教师签字：</td>
<td colspan="3" align="center">年　　月　　日</td>
<td align="center">得分</td>
</tr>
</table>

2.自我评价

(1)完成此次任务过程中存在哪些问题?

_____

_____

(2)产生问题的原因是什么?

_____

_____

(3)请提出相应的解决问题的方法。

_____

_____

(4)还需要加强哪些方面的指导(实际工作过程及理论知识)?

_____

_____

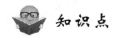 知识点

材料消耗预算定额的应用

材料消耗定额,作为材料消耗的数量标准,是日常材料业务工作的基础,是确定、分析、考核相关业务内容的重要依据。材料管理各环节都离不开材料消耗定额。本节以目前最普遍的材料消耗预算定额为例,说明材料消耗定额的应用办法。

一、正确使用定额的注意事项

铁路工程定额系专业性全国统一定额,它用于国家、地方以及工矿企业标准轨道的铁路工程建设。

要使定额在基本建设中发挥作用,除定额本身先进合理外,还必须正确使用定额,绝不可忽视。正确使用定额须注意以下几方面:

(1)学习和理解定额的总说明和分部工程说明及附注、附录、附表的规定。这是定额的核心部分。因为它指出了定额编制的指导思想、原则、依据、适用范围、使用方法、调整换算、已考虑和未考虑的因素,以及其他有关问题。对因客观条件需据实调整换算的情况也作了规定。

例如,在铁路桥涵工程预算定额说明中,指出钢筋混凝土圆形管节安装定额是按单孔编制的,如为双孔或三孔,可乘以 2 或 3。

(2)掌握分部分项目工程定额所包括的工作内容和计量单位。在使用定额前,必须弄清楚一个工程由哪些工程项目组成,每个项目的工作内容是否与定额的工作内容一致,定额的计算单位是否采用扩大计量单位,如 $10m^3$、$100m^3$ 等。当每个项目的工作内容与定额包含的工作内容一致时,才能直接使用相应定额。

(3)弄清定额项目表中的各子目录工作条目的名称、内容和步距划分。然后以定额的计算单位为标准,将该工程各个子项目按定额子目栏的工作条目逐项列出,做到完整齐全,不重不漏。

例如,在铁路路基工程预算定额中,推土机推运土是按≤60kW、≤75kW、≤90kW、≤105kW、≤135kW、≤165kW 推土机推运松土、普通土、硬土,运距≤20m,增运 10m 划分的。施工土方工程应按使用推土机功率、土质、运距列项。

(4)了解定额项目表中人工、材料、机械台班名称、耗用量、单价和计量单位。

(5)熟悉工程量计算规定以及适用范围。按规定和使用范围计算工程数量,有利于统一口径。

例如,土石方工程定额的单位均为施工方,石方开挖分为"槽外石方""槽内石方"两种,其划分办法是按通过横断面地面线的最低点画一水平线,水平线以上部分为槽外石方,以下部分为槽内石方。槽内石方适用于单线铁路路堑石方开挖或类似单线路堑断面的沟渠,如为双线路堑或站场石方,不论断面形状如何,均按槽外石方定额办理。

在计算工程数量时,工作条目与定额条目要对口,计量单位要一致,以保证正确使用定额,避免计算错误。

(6)对于分项工程的内容,应通过深入施工现场和工作实践,理解其实际含义,只有对定额内容了解深透,在确定工作条目,套用、换算定额或编制补充定额时,才会快而准确。

二、定额的套用

当设计要求与定额条件相符时,可直接套用定额(即直接查找定额)。套用时应注意以下几点:

(1)正确选用定额条目。根据设计图纸要求及说明,选择与工作项目内容相符的定额条目,并对其工程内容、技术特点和施工方法仔细核对,做到内容不漏、不重、不错。

(2)核对计量单位。条目选择好后,核对并调整所列工作项目的计量单位,使之与定额条目的计量单位相一致。

(3)明确定额中的用语、符号即定额表中括号内数据的意义,区分"以内""以外""以上""以下"的含义。

(4)注意定额的换算。当工程设计与定额内容部分不相符,而定额允许换算时,要先对套用的定额进行必要的换算后才能使用。

三、定额的换算(或称定额抽换)

当工作项目与定额内容部分不相符时,则不能直接套用定额,应在定额规定的范围内,根据不同情况加以换算。

1.设计的规格、品种与定额不符时的换算

当设计要求的规格、品种与定额规定不同时,需先换算使用量,再按其单价换算价值。由此看来,预、概算定额的换算实际上是预、概算价格的换算。

(1)砂浆或混凝土强度等级,设计与定额规定不符时,应根据砂浆或混凝土设计标号在《铁路工程预算基本定额》(铁建设〔2000〕34号文)"混凝土、钢筋混凝土、水泥砂浆用料表"中,查出应换入的用料数,并考虑工地搬运、操作损耗量及混凝土凝固后体积收缩等,或在《铁路工程预算定额》中,查出与设计强度等级相同项目的混凝土、钢筋混凝土、水泥砂浆的用料数(已考虑了损耗量等)。应换出的用料数为定额表中的数量,然后进行换算。

$$换算后砂浆或混凝土预、概算定额单 = 原预、概算定额单价 - \left[\sum\left(\begin{matrix}应换出的\\用料数\end{matrix} \times \begin{matrix}相对应的\\材料单价\end{matrix}\right)\right] + \left[\sum\left(\begin{matrix}应换入的\\用料数\end{matrix} \times \begin{matrix}相对应的\\材料价格\end{matrix}\right)\right]$$

例:《铁路工程预算定额》第二册桥涵工程(2011年度)QY-279中,重力式钢筋混凝土沉井井身C25混凝土($10m^3$),所用普通水泥32.5级水泥3937.2kg,中粗砂$5.20m^3$,碎石粒径40以内$8.67m^3$,预算定额基价2246.24元。设计要求沉井井身混凝土强度C30,并换用普通水泥42.5级,计算此预算定额基价。

解:在《铁路工程预算定额》第二册桥涵工程(2011年度)中查得$10m^3$ C30混凝土所用普通水泥42.5级水泥3454.2kg,中粗砂$5.35m^3$,碎石粒径40以内$8.69m^3$。查材料预算定额价格知,普通水泥32.5级为0.31元/kg,普通水泥42.5级为0.34元/kg,中粗砂$16.5/m^3$,碎石粒径40以内26.8元$/m^3$。

换算后沉井井身C30混凝土($10m^3$)预算定额基价为:

$2246.24-(0.31×3937.2+16.51×5.20+26.8×8.67)+(0.34×3454.2+16.51×5.35+26.8×8.89)=2246.24-1538.74+1501.01=2208.51$(元)

(2)砂浆或混凝土的集料粒径,设计与定额规定不符时,须按砂浆或混凝土强度等级调整水泥用量。例如,铁路工程预、概算定额中,混凝土、钢筋混凝土、浆砌石及砂浆的水泥用量,系按中粗砂编制的,如实际使用细砂时,应按基本定额调整水泥用量。

    例:路上桥墩(墩高≤30m)C30混凝土顶帽施工,使用细砂,调整此工作项目定额水泥用量。

    解:此工作项目预算定额(QY-461),10m³圬工消耗普通水泥42.5级4233kg。使用细砂时,可查《铁路工程预算基本定额》(2011年度)普通混凝土等配合比用料表,C30混凝土1m³(碎石粒径25以内)配合比中水泥用量,用中粗砂时为490kg,用细砂时为514kg。

    则用细砂时,QY-461等额水泥用量应调整为 $423.3 \times \dfrac{514}{490} = 443.03(\text{kg/m}^3)$。

    (3)钢筋混凝土定额中的钢筋数量、规格,当设计与定额规定不符,使实际钢筋含量与定额中钢筋含量相差超过±5%,应先按设计要求调整定额钢筋数量,再用钢筋制作及绑定定额调整定额工日、有关材料数量、机械台班数,并用定额单价计算其价值。不是因设计原因造成不符,如钢筋由粗代细、螺纹钢筋代替圆钢筋或型号改变,因此而增加的钢筋费用,不能编入定额价值内。

    2.运距换算

    (1)运距超过定额项目表中子项目基本运距。

    例:计算铲斗≤8m³拖式铲运机铲运普通土,运距500m的定额基价。

    解:《铁路工程预算定额》第一册路基工程(2011年度)LY-130,铲运普通土,运距≤200m(基本运距),基价258.29元/100m³;LY-131,增运100m,基价69.02元/100m³。

    则此定额基价为 $258.29 + 69.02 + \dfrac{500 - 200}{100} = 465.35(\text{元}/100\text{m}^3)$。

    (2)运距超过定额项目表中工作规定的运距。

    例:《铁路工程预算定额》第二册桥涵工程(2011年度)QY-27,机械钻眼开挖石方卷扬机提升,工作内容规定,双轮车运至坑口外20m。因实际施工需用架子车运往离基坑250m处堆弃,基坑土壤为软石,基坑深3m以内无水,试确定此工作项目的定额基价。

    解:本例增加运距的定额为LY-191和LY-192,即:

$328.42 + 91.9 \times [(250 - 50 - 20) \div 50] = 659.26(\text{元}/10\text{m}^3)$

    则本例定额基价为QY-27、LY-191和LY-192组合:

$229.71 + 65.926 = 295.64(\text{元}/100\text{m}^3)$

    3.断面换算

    定额中取定的构件断面,是选择有代表性的不同设计标准,经过分析、研究、综合、加权计算确定,称为定额断面。如果实际设计断面与定额断面不符时,应按定额规定进行换算。例如,劳部发〔1993〕284号文《铁路工程劳动定额标准》规定,当实际开挖断面与定额开挖断面不一致,且相差±5%以上时,各工序的时间定额标准应乘以 $\dfrac{\text{实际断面}}{\text{标准断面}}$ 的系数。

    4.厚度与宽度换算

    如防护层的厚度(沥青混凝土、沥青砂浆的厚度)、抹灰层厚度、道碴桥面人行道宽等,有的定额表中划分为基本厚度或宽度和增减厚度或宽度定额,当设计厚度或宽度与定额不符时,可按设计要求和增减定额对基本厚度或宽度的定额基价进行调整换算。

5.系数换算

当实际施工条件与定额规定不符时,应按定额规定的系数进行调整。

例如,路基土石方工程中,汽车增运定额仅适用于10km以内运输,超过10km部分应乘以系数0.85。又如编制铁路隧道工程预算,如采用路基、桥涵及其他洞外工程定额用于洞内时,人工定额应乘以系数1.257,施工机械台班乘以系数1.10。铁路隧道工程预算定额,洞内涌水量是按10m³/h制定的,超过时,台班量按表1-5系数调整。

表1-5　调整系数

涌水量(m³/h)	≤10	≤15	≤30	>20
调整系数	1.00	1.20	1.35	另行分析计算

6.周转次数换算

当材料的实际周转次数达不到规定的周转次数时,定额表中周转材料的定额用量应予以抽换,按照实际的周转次数重新计算其实际定额用量,即:

$$实际定额用量 = \frac{规定的周转次数}{实际的周转次数} \times 规定的定额用量$$

7.体积换算

例如,在"铁路工程预算定额"中明确了开挖与运输数量以天然密实体积计算,填筑数量以压实体积计算,因此,在土石方调配与套用定额时要进行天然密实体积与压实体积的换算,换算系数如表1-6所示。

表1-6　路基土石方以填方压实体积为工程量,采用天然密实方为计量单位定额的换算系数

岩土类别 铁路等级		土方			石方
		松土	普通土	硬土	
设计速度200km/h及以上铁路	区间	1.258	1.156	1.115	0.941
	站场	1.230	1.13	1.090	0.920
设计速度160km/h及以下Ⅰ级铁路	区间	1.225	1.133	1.092	0.921
	站场	1.198	1.108	1.068	0.900
Ⅱ级以及下铁路	区间	1.125	1.064	1.023	0.859
	站场	1.100	1.040	1.000	0.840

该系数已经包含了因机械施工需要两侧超填的土石方数量。计算工程数量一律以净设计数量为准。特别应注意除石质路基采用石方系数外,以石代土的填方工程也应采用石方系数,因而使用定额时需进行详细的土石方调配并区分填料的性质。

例如,某段设计速度160km/h的Ⅰ级铁路区间路基工程,挖方(天然密实断面方)5000m³,全部利用。填方(压实后断面方)10000m³,假设路基挖方和填方均为普通土,则路基挖方作为填料压实后的数量为5000÷1.133=4413m³,需外借土方10000-4413=5587m³(压实后断面方),即可理解为挖土5000m³,压实土方4413m³,尚需借土填方5587m³,而这5587m³计算挖方工程量时又需乘以1.133的系数。

总之,定额换算必须在定额规定的条件下进行。如果定额规定不允许换算时,不得强调本

部门的特点,任意进行换算。例如,在定额总说明中规定,周转性的材料、模版、支撑、脚手杆、脚手板和挡板等的数量,按其正常周转次数,已摊入定额内,不得因实际周转次数不同调整定额消耗量。又如,定额中各项目的施工机械种类、规格型号系按一般情况综合选定,如施工中实际采用的种类、规格与定额不一致时,除定额另有说明者外,均不得换算。

四、补充定额

随着基本建设事业的不断发展,新结构、新技术、新工艺、新材料、新设备不断出现,设计不断更新,因此会出现设计要求与定额条件不一致或完全不符或缺项的情况,这就需要制定补充定额,即补充单价分析,并随同设计文件一并送审。

制定补充定额的办法有两种。一种是按前面讲的定额制定原则,用测定或综合分析等方法制定。通常材料用量是按设计图纸的构造、做法及相应的计算公式进行计算,并加入规定的材料损耗;人工工日是按劳动定额或类似定额计算,并合理考虑劳动定额中未包括而在一般正常施工情况下又不可避免的影响因素和零星用工;机械台班数量是按机械台班使用定额或类似定额计算,并考虑定额中未包括而在合理的施工组织条件下,尚存在的机械停歇因素所造成的机械台班损失。经有关技术、定额人员和工人分析讨论,确定其工作项目的工、料、机耗用量,然后分别乘以人工工资标准、材料预算价格及机械台班单价,即得到补充定额基价。另一种方法是套用或换算相近的定额项目。一般人工和机械台班数量及费用和其他材料费可套相近的项目,而材料消耗量可按设计图纸进行计算,再加入规定的材料损耗,或通过测定确定。

五、预算定额的应用示例

钢筋混凝土盖板箱涵工程,从基坑开挖开始,逐项列示如下:

(1)开挖基坑。明确施工方法、基坑土质、坑深、地下水、支护情况。

(2)基础砌筑。明确圬工类别(浆砌片石、混凝土、钢筋混凝土等)及其强度等级。

(3)涵身及出入口。明确圬工类别及其强度等级。

(4)钢筋混凝土盖板制作与安砌。确定是人工还是机械施工。

(5)沉降缝。是沥青麻筋、沥青油毡、沥青木板或其他类型。

(6)防护层。是黏土、沥青砂浆、沥青混凝土或其他类型。

(7)防水层。确定涂沥青和浸制麻布的层数。

(8)基坑回填。有无远距离取土,用何方式运输。

(9)锥体护坡铺砌及垫层。是干砌或浆砌、砂浆强度等级、垫层是碎石或卵石等。

(10)河床铺砌。是干砌或浆砌、砂浆强度等级。

列出分项工程后,填列与定额条目一致的计算单位和设计数量,再按各分项工程的类型、性质和施工方法,在《铁路工程预算定额》第二册桥涵工程(2011 年度)中查出与设计相同的节次(项目)和目次(子项目)定额,即各项目计量单位的人工、材料和机械台班消耗指标,然后编制该工程主要工、料、机数量计算表。再根据相应的预算定额基价,计算盖板箱涵工料机预算基价费用。

例:某盖板箱涵设计采用 M10 砂浆砌片石涵身 $200m^3$,计算砌筑该涵身所需人工、材料、机械台班需要量及其工料机预算基价费用和材料重量。

解:查 QY-818,计量单位 $10m^3$,涵身的定额工作量为 $200m^3 \div 10m^3 = 20(10m^3)$。计算

过程见表1-7。

表1-7 M10砂浆砌片石涵身计算表

人工、材料、机械、费用名称		单位	定额	计算式	定额数量
人工		工日	17.17	20×17.17	343.4
普通水泥32.5级		kg	996.60	20×996.60	19932
中粗砂		m³	4.19	20×4.19	83.8
片石		m³	11.70	20×11.70	234
原木		m³	0.011	20×0.011	0.22
块石		m³	—	—	—
锯木		m³	0.008	20×0.008	0.16
镀锌低碳钢丝 Φ2.8—5.0		kg	1.58	20×1.58	31.6
其他材料费		元	5.48	20×5.48	109.6
水		t	4.85	20×4.85	97
灰浆搅拌机≤400L		台班	0.132	20×0.132	2.64
预算基价		元	848.01	20×848.01	16960.2
其中	人工费	元	305.8	20×305.8	6116
	材料费	元	536.06	20×536.06	10721.2
	机械使用	元	6.15	20×6.15	123
材料重量		t	28.063	20×28.063	561.26

任务五 材料计划的编制

一、任务描述

某项目开工准备阶段根据所具备的资料情况选择合适的定额编制阶段性材料需求计划，以确保工程开工初始阶段的施工用料。

二、学习目标

1. 能查出分项工程所适用的定额编号；
2. 能对定额进行换算；
3. 计算汇总出材料需用量计划。

三、任务实施

(一)学习准备

引导问题1：熟悉使用直接计算法和间接计算法计算材料需用量的适用条件及计算程序。

_____

_____

引导问题 2：与材料有关的计划有需用量计划、供应计划、采购计划、加工计划、运输计划，给出各材料计划的编制顺序。

_____

_____

_____

_____

（二）实施任务

【案例 1】

某盖板箱涵设计采用 M5 砂浆砌片石基础 65.3m^3，M10 浆砌片石墙身及端翼 52.1m^3。防水层设计采用三层热沥青、两层浸制麻布。计算砌筑该涵基础和涵身所有材料、机械台班需要量及其材料费、机械使用费，根据材料需用计划的编制程序编制材料分析表、材料汇总表、材料需用量计划表。

_____

_____

_____

【案例 2】

某单位本月 15 日开始编制下个月的材料供应计划。本月 16 日查库时水泥库存量为 20t，现场库存 25t，至本月底尚有 30t 水泥按合同的约定到货。本月份平均日耗用水泥 4t，预计下月平均每日需用水泥比本月每日需用量增加 25％，水泥平均供应间隔天数为 11 天，保险储备天数为 3 天，验收入库需 1 天，月工作日按 30 天计算。求：

引导问题 1：下月的期初库存量。

_____

_____

引导问题 2：下月平均每日水泥需用量。

_____

_____

引导问题 3：下月的期末储备量。

_____

_____

引导问题 4：下月的计划水泥供应量。

_____

_____

【单项选择题】

(1)建筑企业材料计划中最基本的一种材料计划是（　　　）。

A. 材料申请计划　　　B. 材料需用计划　　　C. 材料供应计划　　　D. 材料储备计划

(2)材料计划编制的程序是（　　　），按不同渠道分类申请,确定供应量,编制供应计划,编制订货采购计划。

A. 计算需用量　　　B. 确定采购量　　　C. 确定订货时间　　　D. 确定订购量

【多项选择题】

(1)材料需用计划的编制方法有（　　　）。

A. 直接计算法　　　B. 间接计算法　　　C. 经验估算法　　　D. 实验法　E. 统计法

(2)影响材料计划管理的企业外部因素有（　　　）。

A. 建材生产厂家因素　　　B. 气候条件变化　　　C. 材料市场需求变化

D. 施工进度变化　　　E. 道路运输变化

四、任务评价

1. 填写任务评价表

<table>
<tr><td colspan="9" align="center">任务评价表</td></tr>
<tr><td rowspan="2" colspan="2" align="center">考核项目</td><td colspan="3" align="center">分数</td><td rowspan="2">学生自评</td><td rowspan="2">小组互评</td><td rowspan="2">教师评价</td><td rowspan="2">小计</td></tr>
<tr><td>差</td><td>中</td><td>好</td></tr>
<tr><td colspan="2">自学能力</td><td>8</td><td>10</td><td>13</td><td></td><td></td><td></td><td></td></tr>
<tr><td colspan="2">是否积极参与活动</td><td>8</td><td>10</td><td>13</td><td></td><td></td><td></td><td></td></tr>
<tr><td rowspan="4">言谈举止</td><td>工作过程安排是否合理规范</td><td>8</td><td>16</td><td>26</td><td></td><td></td><td></td><td></td></tr>
<tr><td>陈述是否完整、清晰</td><td>7</td><td>10</td><td>12</td><td></td><td></td><td></td><td></td></tr>
<tr><td>是否正确灵活运用已学知识</td><td>7</td><td>10</td><td>12</td><td></td><td></td><td></td><td></td></tr>
<tr><td colspan="2">是否具备团队合作精神</td><td>7</td><td>10</td><td>12</td><td></td><td></td><td></td><td></td></tr>
<tr><td colspan="2">成果展示</td><td>7</td><td>10</td><td>12</td><td></td><td></td><td></td><td></td></tr>
<tr><td colspan="2">总计</td><td>52</td><td>76</td><td>100</td><td></td><td></td><td></td><td></td></tr>
<tr><td colspan="6">教师签字:　　　　　　　　　年　　月　　日</td><td colspan="2">得分</td><td></td></tr>
</table>

2. 自我评价

(1)完成此次任务过程中存在哪些问题?

_____

(2)产生问题的原因是什么?

_____

（3）请提出相应的解决问题的方法。

_____

_____

（4）还需要加强哪些方面的指导（实际工作过程及理论知识）？

_____

_____

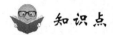 **知识点**

材料计划的编制

一、影响材料计划管理的因素

材料计划的编制和执行会受许多因素的制约，是否处理妥当会影响计划的编制和执行。主要影响因素有企业内部因素和外部因素。

企业内部因素的影响主要表现在企业各部门间的衔接薄弱。企业外部因素主要有材料市场的变化因素和与施工生产相关的因素，如材料政策因素、建材生产厂家因素、气候条件变化、材料市场需求变化、施工进度变化等。编制材料计划应实事求是，积极稳妥，使计划切实可行。计划执行中应严肃认真，为达到预期目标打好基础。

二、材料计划的编制和实施

1. 材料计划的编制原则

编制材料计划应遵循综合平衡、实事求是、留有余地以及严肃性和灵活性统一的原则。

2. 材料计划的编制准备工作

编制材料计划，要有正确的指导思想，收集相关资料（施工生产任务量、材料消耗定额、库存材料情况、报告期材料计划执行情况、施工现场的实际情况等），了解市场信息，有的放矢。

3. 材料计划的编制程序

（1）计算需用量。

①工程材料需用量一般由基层施工用料单位提出，年度计划由企业材料部门提供。

②周转材料需用量结合工程特点分析计算得出。

③辅助材料及生产维修用料需用量可用间接计算法计算。

$$需用量 = \frac{上期实际消耗量}{上期实际完成工程量} \times 本期计划工程量 \times 增减系数$$

（2）确定供应量。

$$供应量 = 计划需用量 + 计划期末储备量 - 计划期初库存量$$

（3）按不同渠道分类申请。

（4）编制供应计划。

（5）编制订货、采购计划。

具体各种材料计划的关系如图1-1所示。

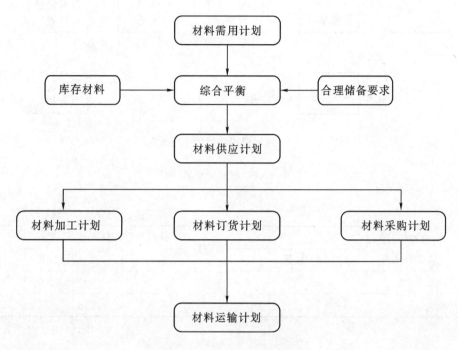

图1-1 各种材料计划的关系

4.材料计划的编制方法

(1)材料需用计划的编制方法。

材料需用计划反映企业生产经营活动所需各种材料的数量、品种、规格、使用时间等,是企业最重要的材料计划。编制方法主要有下述两种:

①直接计算法。

直接计算法也称预算法,要求按施工图纸预算的编制程序分析工程材料需用量。即按施工图纸和定额规定计算工程量后,套用材料消耗定额分析各分项工程材料需用量,再汇总各分项工程材料需用量以形成单位工程材料需用计划,最后按施工进度计划确定各计划期的需用量,如图1-2所示。

直接计算法的一般公式为:

某种材料计划需用量=计划建筑安装工程实物工程量×某种材料消耗定额

式中,计划建筑安装工程实物工程量是按预算方法计算的计划期内应完成的分部(分项)工程实物工程量;材料消耗定额应根据计划的用途,分别选用预算定额或施工定额。

在编制材料需用计划时,材料分析以前的工程量计算工作与预算完全一样,下面示意基本过程,说明各表的编制方法。

A.材料分析表的编制。

根据计算出的工程量,套用材料消耗定额分析出各分部(分项)工程的材料用量及规格。表格形式见表1-8。

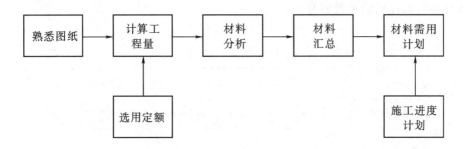

图 1-2　材料需用计划的编制流程

表 1-8　材料分析表

工程名称：

编制单位：　　　　　　　　　　　　　　　　　　　　　　　　　　　　编制日期：

序号	分部(分项)工程名称	工程量		材料名称、规格、数量					
		单位	数量						

审核：　　　　　　　　编制：　　　　　　　　　　　　　　　　共　页　第　页

B.材料汇总表的编制。

将材料分析表中的各种材料按建设项目和单位工程汇总即可。表格形式见表 1-9。

表 1-9　材料汇总表

工程名称：

编制单位：　　　　　　　　　　　　　　　　　　　　　　　　　　　　编制日期：

序号	建设项目	工程单位	材料汇总				
			水泥		红砖	钢筋	……
			P.O42.5	P.O52.5	标砖	Φ8	……

审核：　　　　　　　　编制：　　　　　　　　　　　　　　　　共　页　第　页

C.材料需用量计划表的编制。

将材料汇总表中的各项目材料按进度计划的要求分摊到各使用期。表格形式见表 1-10。

表 1-10　材料需用量计划表

工程名称：

编制单位：　　　　　　　　　　　　　　　　　　　　　　　　　　　　编制日期：

序号	项目名称	材料计划				各期用量	
		名称	规格	单位	数量		
	××工程						

序号	项目名称	材料计划				各期用量			
	××工程								
	××工程								

审核： 编制： 共 页 第 页

以下主要以材料消耗预算定额为例,介绍材料消耗定额在工程材料预算中的应用。

实例

工程名称:某宿舍楼装修工程(部分)。

工程内容:工程项目及工程量见表 1-11。

表 1-11 工程项目及工程量表

工程内容	C10混凝土垫层	水泥地面不分格	1:3聚氨酯涂层2mm	台阶C10混凝土	室内小型翻砖	豆石混凝土楼面35mm厚	豆石混凝土找平层	多角柱抹水泥	磨石池安装	混凝土污水池安装
单位	m²	m²	m²	m³	m³	m³	m³	m³	个	个
工程量	13.67	276.3	18.94	0.73	0.03	46.22	0.04	119.3	34	34

根据图纸设计方案计算该材料需用数量及工程造价。

①按表 1-11 中工程项目查出相应的材料消耗定额,见表 1-12 中斜线分子数。

表 1-12 相应的材料消耗定额

工程项目	单位	工程量	水泥 32.5 kg	砂子 0.5～5mm kg	石灰 kg	石子 kg	聚氨酯 kg	聚氨酯涂料 kg	砖 240mm×115mm×53mm 块
C10 混凝土垫层	m³	13.67	198/2707	777/10622		1360/18591			
水泥地面不分格	m²	276.3	107/2956	331/9146					
1:3聚氨酯涂层2mm	m²	18.94					0.182/3	2.661/50	
台阶C10混凝土	m³	0.73	198/145	777/567		1360/993			
室内小型砌砖(M5混合砂浆)	m³	0.03	45.12/1	409/12	12.24/0.37				0.34/0.44

工程项目	单位	工程量	水泥 32.5	砂子 0.5～5mm	石灰	石子	聚氨酯	聚氨酯涂料	砖 240mm×115mm×53mm
			kg	kg	kg	kg	kg	kg	块
豆石混凝土楼面35mm厚	m³	46.22	406 / 18765	694 / 32077		1131 / 52275			
豆石混凝土找平层	m³	0.04	406 / 16	694 / 28		1131 / 45			
多角柱抹水泥	m²	119.3	76 / 907	293 / 3495					
磨石池安装	个	34	2.74 / 93	42 / 1440	1.28 / 44				0.048 / 1.6
混凝土污水池安装	个	34	15.6 / 530	47 / 1598		34 / 1156			
小计			26120	58985	44	73060	3	50	2

注:本表斜线分子表示单位用量,分母表示材料需用量。为简化计算,计算结果保留整数。

②根据查到的定额计算材料需用量,即进行用料分析。

表中单元格内分子数为根据材料消耗定额所查的单位工程量该材料消耗量,分母为计算出的相应工程量的材料需用量。

材料需用量的计算方法是:

$$材料需用量 = 工程量 \times 材料消耗定额$$

其中:16.67m³ "C10混凝土垫层"材料需用量的计算如下:

水泥需用量 $= 13.67m^3 \times 198kg/m^3 = 2707kg$

砂子需用量 $= 13.67m^3 \times 777kg/m^3 = 10622kg$

石子需用量 $= 13.67m^3 \times 1360kg/m^3 = 1859kg$

③将上述计算结果填入工程用料分析表中斜线分母位置。

④将斜线中分母数量累计,汇总分项工程材料需用量,得到该装修工程(部分)材料需用量小计,见表1-13。

表1-13 材料需用量汇总表

材料名次	水泥	水泥	砂子	石灰	石子	1:3聚氨酯	聚氨涂料	砖
规格	32.5	42.5	0.5～5mm					240mm×115mm×53mm
单位	t	t	t	kg	t	kg	kg	块
数量	23	29	60	44	73	3	50	2

根据建筑主管部门颁布的预算价格或企业材料计划价格,计算材料需用金额,从而确定该装修工程材料费预算成本,并依次为投标、结算的依据之一。

②间接计算法。

间接计算法即概算法,是在工程任务已经落实而设计资料不全的情况下,为提前备料提供依据而采用的计划方法。

A. 概算定额法。

概算定额法是利用概算定额编制需用计划的方法。根据概算定额的类别不同,主要有以下几种:

a. 用平方米定额计算,公式如下:

$$某种材料需用量 = 建筑面积 \times 同类工程某种材料平方米消耗定额 \times 调整系数$$

此方法适用于已知工程结构类型和建筑面积的工程项目。

b. 用万元定额计算,公式如下:

$$某种材料需用量 = 工程项目总投资额 \times 同类工程项目万元产值材料消耗定额 \times 调整系数$$

此方法适用于只知道计划总投资额的项目。

B. 动态分析法。

动态分析法是利用材料消耗的统计资料,分析变化规律,根据计划任务量估算材料计划需用量的方法。实际工作中,常按简单的比例法推算,公式如下:

$$某种材料计划需用量 = \frac{计划期任务量}{上期完成任务量} \times 上期该种材料消耗量 \times 调整系数$$

式中,任务量可以用价值指标表示,也可以用实物指标表示。

C. 类比分析法。

对于既无消耗定额又无历史统计资料的工程,可用类似工程的消耗定额进行推算,即用类似工程的消耗定额间接推算,公式如下:

$$某种材料计划需用量 = 计划工程量 \times 类似工程材料消耗定额 \times 调整系数$$

(2)材料供应计划的编制方法。

①确定供应量。

根据材料需用计划、计划期初库存量、计划期末库存量(周转储备量),用平衡原理计算材料实际供应量。

材料供应计划是在需用计划的基础上,根据库存资源及储备要求,经综合平衡后计算材料实际供应量的计划,它是企业组织材料采购、加工订货、运输的依据。

材料计划供应量的计算公式如下:

$$材料计划供应量 = 计划需用量 - 期初库存量 + 期末储备量$$
$$期初库存量 = 编制计划时实际库存量 + 至期初的预计进货量 - 至期初的预计消耗量$$
$$期末储备量 = 经常储备 + 保险储备$$
或
$$期末储备量 = 经常储备量 + 保险储备 + 季节储备$$

式中,经常储备、保险储备、季节储备将在"材料储备管理"内容中介绍。

例:2015年11月30日编制2016年材料供应计划,有关资料见表1-14。

表 1-14 材料供应计划平衡表

序号	材料名称	单位	现有库存量	预计期收支		期初库存量	期末储备量		计划		
				进货	消耗		经常	保险	合计	需用量	供应量
1	××材料	t	20	25	21	24	18.21	4.97	23.18	205	204.18
	……										

解: 期初库存量＝实际库存量＋预计进货量－预计消耗量＝20＋25－21＝24(t)

期末储备量＝经常储备＋保险储备＝18.21＋4.97＝23.18(t)

材料计划供应量＝计划需用量－期初库存量＋期末储备量

$$=205-24+23.18=204.18(t)$$

计算出材料计划供应量只完成了材料供应计划的第一步工作,接着应根据企业的实际情况制定具体供应措施,才能构成完整的供应计划。

②制定供应措施。

按照材料管理体制划分供应渠道,根据施工进度和储备定额确定进货批量和具体时间。

A.划分供应渠道。

按照材料管理体制,将所需供应的材料分为物资企业供应材料、建筑企业自供材料以及由企业内部挖潜、自制、改造、代用的材料。划分供应渠道的目的是为编制订货、采购等计划提供依据。

B.确定供应进度。

计划期供应的材料不可能一次进货,应根据施工进度与合理的储备定额,确定进货的批量及具体时间。

例: 利用上例提供的资料确定供应价进度。

解: 第一步:根据经常储备定额计算供应次数(N)及供应间隔期(T_g):

$$N=\frac{204.18}{18.21}\approx 11(次)$$

$$T_g=\frac{360}{11}\approx 33(次)$$

第二步:确定供应进度。按供应间隔期直接推算日历时间即可。以2月2日为第一次进货时间,33天为供应间隔期,则供应进度应为2月2日、3月7日、4月9日、5月12日、6月14日、7月17日、8月19日、9月21日、10月24日、11月26日、12月29日。每批进货量为18.21t。

以上算法仅是一种理论算法,实际工作中往往近似取整数进货。如本例,应取每批进货量为18.5t,此时同样满足供应需要。因为每批18.5t,11次共供应203.5t,接近计划供应量

204.18t。四舍五入不能保证11次供应总量就是计划供应总量。

材料供应计划的表格形式见表1-15。

表1-15　×××材料供应计划表

工程名称：

编制单位：　　　　　　　　　　　　　　　　　　　　　　　　　　编制日期：

计量单位	期初预计库存量	计划需用量					期末库存量	计划供应量							
		合计	其中					合计	其中					小计	其中
			工程用料	运营维修	周转材料	机械制造			物资企业	市场采购	挖潜改代	加工自制	其他		第一次	第二次

审核：　　　　　　　编制：　　　　　　　　　　　　　　共　页　第　页

（3）材料采购计划及加工订货计划的编制。

材料供应计划所列各种材料需按订购方式分别编制采购计划和加工订货计划。

①材料采购计划的编制。

凡可在市场直接采购的材料均应编制采购计划，以指导采购工作的进行。这部分材料品种多、数量大、规格杂、供应渠道多、价格不稳定、没有固定的编制方法，只要通过计划控制采购材料的数量、规格、时间等。材料采购计划的格式参考表1-16。

表1-16　材料采购计划表

工程名称：

编制单位：　　　　　　　　　　　　　　　　　　　　　　　　　　编制日期：

材料名称	规格型号	单位	采购数量	供应进度			采购进度		
				第一次	第二次	第三次	第一次	第二次	第三次

审核：　　　　　　　编制：　　　　　　　　　　　　　　共　页　第　页

表1-16中供应进度按供应进度计划的要求填写，采购进度应在供应进度之前，包括办理购买手续，运输、验收入库等所需的时间，即供货所需时间。

②材料加工订货计划的编制。

凡需与供货单位签订加工订货合同的材料都应编制加工订货计划。

加工订货计划的具体形式是订货明细表，它由供货单位根据材料的特性确定，计划内容主要有材料名称、规格、型号、技术要求、质量标准、数量、交货时间、供货方式、到达地点及收获单位的地址、账号等，有时还包括必要的技术图纸或说明资料。有的供货单位以订货合同代替订货明细表。

订货单位按表格要求及企业供应计划等资料一一填写计划内容。编制时应特别注意规格、型号、质量、数量、供货方式及时间等内容,必须和企业的材料需用计划和材料供应计划相吻合。

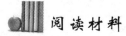 阅 读 材 料

建筑企业如何做工程材料计划

当今建筑行业竞争日趋激烈,施工企业能否生存发展,关键在于成本管理能力的高低,而成本管理的首要环节是制作成本计划。建筑企业的成本包括人、材料、设备、费、税等,其中材料费占工程总造价的60%~70%,所以制作材料计划非常重要。

尽管在财务管理学中关于如何制作材料计划已经有了非常成熟、完整的一套理论,但当施工企业运用该理论制作材料计划时,还是发现有很多问题存在,并且很容易造成计划与实际用量偏差太大,无法利用计划来控制实际用量,这主要是由于施工企业的生产有些不同于其他制造业企业。

一、施工企业的特性

1.建筑生产的流动性

任何建筑产品都是在选定的地点建造和使用的,它直接与土地连在一起,不能移动。许多建设工程如地下建筑、道路、隧道等本身就是土地不可分割的一部分。建筑产品的固定性决定了建筑生产的流动性,使得生产要素必须要在不同部位、不同工地、不同建筑地区流动。

2.建筑生产的单件性

由于社会对建筑产品的用途和功能要求是多样的,所以建筑生产需要针对具体的建设工程,因地而异、因时而异地单独组织施工;即便是同一类型的工程,由于在不同地点进行建设的特定的自然和社会条件,往往也需对基础、施工组织和施工方法等作出恰当的修改,从而也会为工程施工带来一系列单件性的特点。

3.建筑生产的不确定性

建筑产品位置固定,体形庞大,其生产一般多在露天进行,受地质条件、季节、气候等自然条件变化的影响,同时建设单位在施工过程中对图纸、施工要求的变更,这一切都使建筑生产具有不确定性。

二、施工企业特性对材料计划的影响

制作材料计划要确定购买材料的数量、时间,其中材料的数量包括需要总量和每次购买量。

1.对材料需要量的影响

计算材料需要总量一般采用以下计算公式:

$$某种材料需要量=计划工程量×材料消耗定额$$

尽管现在有全国定额、地方定额,但由于建筑生产的单件性决定了材料消耗定额因地域、企业、工程而不同,采用静态的全国定额、地方定额,甚至企业定额并不适合。施工前,计划工程量可以根据施工图纸计算。建筑生产的不确定性,又有可能会造成决算工程量与计划量存在很大差异。

2.对采购时间的影响

根据施工前编制的施工进度计划可以确定每种材料进场的时间,再考虑购买的准备时间、运输时间,就可以制订出每种材料采购时间的计划表,但施工过程中的不确定性,会使这样作出的计划表缺乏操作性。

3.对材料每次采购量的影响

对于需要量比较大的材料,要分批进货。考虑订购费用、保管费,经济订购批量公式如下:

$$经济订购批量 = \sqrt{2 \times 需要量 \times 每次订购费用 / 单位库存保管费}$$

运用该公式计算每次采购量,需符合:企业对材料的每日需用量是稳定而均匀的,且不允许有缺货;材料供应稳定可靠,什么时候订购,订多少,什么时候到货都能保证;每次订货批量和订购时间间隔也稳定不变。

对于主体施工企业,主材水泥、砂、石、钢筋可以采用该法计算;但对于做装饰的施工企业,由于施工过程中的不确定性,这些假定条件很难满足,而且一般装修涉及的材料较多,每种材料的每次订购费用和单位库存保管费都不尽相同,数据的收集难度也很大。

从节约成本的角度,施工企业应采用集团化采购的模式,但施工的流动性、不确定性以及不同项目需要某种材料时间的差异,制约了该种采购模式的使用。

三、编制施工企业材料计划的心得

1.按施工程序,明细到部位

编制材料计划是成本管理的前提条件,是成本控制的依据,一部科学的计划书,决定了成本控制的好坏,但目前多数计划书仅是各种数据的汇总,只适合对项目进行宏观控制,对过程生产却起不到指导作用。比如,某项目开工前预算书表明需用钢材500t,但却不能说明某个部位所需钢材数量,施工人员只能根据总量控制原则编制采购计划,如过程管理不善,很可能出现总量已用完,而项目未完工的情况,但为了完成项目,却不得不继续采购,因而,超计划采购已成定局,但为什么超支却没有原因。

因此,材料计划需要改进,分部编制的计划对成本控制才有指导意义,比如要建一栋住宅楼,计划书应由以下几部分组成:①基础部分(包括临时建筑);②主体部分;③装饰部分;④水电安装部分。主体部分内容最为复杂,需要根据实际施工部位的先后顺序编制计划,要分出每层的梁、柱、板、围护结构所需的各种材料,如基础以上部分为标准层,只需计算一层即可,反之,需重新计算。

2.动态编制材料计划

建筑生产的不确定性决定了材料计划必须根据业主的要求、施工现场的实际情况及时调整;建筑生产的差异性决定了材料计划不能按照静态的定额制作,应根据确定工程的特点、项目部的管理水平,参考定额数量,合理确定本工程中的材料消耗额度,进行成本控制。照搬照套定额消耗量,编制的计划是无法顺利实施的。

但要合理确定材料的消耗额度的工作量非常大,因为不仅要求计划按部位制订,而且要求每实施完一个工序后,就需计算出此工序的材料消耗量,并将实际用量与计划量比较,确定消耗定额;再根据确定的消耗定额,对下一道工序的计划进行调整。

这个工作不仅工作量大,而且对计划编制人员的要求也很高,要求计划编制人员除了熟悉定额和熟悉现场情况外,还需要了解施工工艺,所以常常出现人手不足的情况。现在通常采用的解决措施是将材料消耗量的计算工作转移到工长。这项工作由工长来做,一来他们熟悉施工工艺,施工经验丰富,具有相应的能力,可以解决人手不足的问题;二来让工长参与计划的制订,便于依据计划制定的奖惩制度能够实施。但也存在工长为了避免施工材料紧张,影响施工进度和最后获得的报酬,将材料消耗额度放得比较大,不利于材料消耗控制的问题。所以必须有相应的审核制度。工长在提出材料计划的时候应附上计划书,供成本控制人员审核。审核的主要内容是工程数量是否正确,以及材料损耗的额度是否合理。其中,损耗额度的审核,应根据现场实际情况和双方的协商。但审核工程数量是否正确的工作量就比较烦琐,消耗时间比较长,不利于施工材料的及时进厂。而且大部分工长学历较低,并不精于计算。计划编制人员可以在施工前,集中突击计算各个部位的工程数量,并按照部位编制成表格形式,发给工长。工长提出材料计划时,只需确定材料消耗额度,就能确定材料消耗量,审核计划时,也只需审核材料消耗额度即可。

其实计算工程量的方法、确定材料消耗额度的程序都是固定的,所以当收集了几个工程的数据后,找到相应的规律,如果可以编写出材料控制程序,通过计算机对材料计划进行动态调整,将会方便很多。

当然除采购的数量需要动态调整之外,材料采购的时间也需根据业主要求的变更、上道工序的施工情况,进行动态的调整。

3. 运用 ABC 成本分析法

由于建筑产品的复杂性,在施工中所涉及的材料种类也非常多,如果每一种材料都需编制出详细的用量计划,工作量会非常大,所以可以采用 ABC 成本分析法,在做材料计划时根据用量区别对待。

建筑所使用的材料可以分为实体材料和辅助材料,实体材料要转化到建筑物上,而辅助材料只是在施工中使用。部分辅助材料不仅用量少,而且和所采用的施工方法有关,在施工前很难确定材料的种类和用量。对于这部分材料,可以设置一个资金总额度,控制其用量任务。

学习情境二

采购成本核算与控制

任务一　采购成本核算

一、任务描述

作为物资部人员对项目第一季度材料采购成本进行核算,并提出进行采购成本控制的建议。

二、学习目标

1.能计算出材料采购阶段的实际成本;

2.能对材料采购阶段的成本进行核算。

三、任务实施

(一)学习准备

引导问题 1:材料实际采购成本计算有哪些方法? 如何计算?

_____

_____

_____

引导问题 2:通常,企业进行材料采购成本核算的考核指标有哪些?

_____

_____

_____

_____

(二)实施任务

【案例 1】

三区工程项目第一季度采购四批中砂:第一批 $1500m^3$,成本 24 元 $/m^3$;第二批 $2000m^3$,成本 23.5 元 $/m^3$;第三批 $4000m^3$,成本 22 元 $/m^3$;第四批 $2500m^3$,成本 23 元 $/m^3$。中砂的地区预算单价为 24.88 元 $/m^3$。试分析其经济效果。

引导问题 1:采用加权平均法计算四批中砂的平均单价。

_____

_____

_____

_____

引导问题 2:计算中砂采购成本降低或超耗额,以及降低或超耗率。

_____

_____

_____

【案例 2】

某工程采购国产特种钢材 10 吨,出厂价为 5000 元/t,材料运输费 50 元/t,运输损耗率 2%,采购及保管费率为 8%,则特种钢材的预算价格为多少元?

_____

_____

_____

【案例 3】

已知某工程需要某种材料 1000t,经调查有甲乙两个供货地点,甲地出场价格 35 元/t,可供需要量的 54%,甲地距施工地点 20km;乙地出场价格 38 元/t,可供需要量的 46%,乙地距施工地点 28km;运输损耗率为 5%,该地区汽车运输费为 0.2 元/t·km,装卸费 2.1 元/t,调车费 0.9 元/t,采购保管费率为 2.5%,则该种材料单价为多少元?

_____

_____

【选择题】

(1)材料采购核算以材料采购(   )为基础,与实际采购成本相比较,核算其成本降低额或超耗程度。

A. 概算成本   B. 预算成本   C. 施工成本   D. 核算成本

(2)材料实际价格通常按实际成本进行计算,可采用(   )。

A. 个别计价法   B. 先进先出法   C. 加权平均法   D. 后进先出法   E. 几何平均法

(3)材料采购成本可以从实物量和价值量两个方面进行考核,常用的考核指标有(   )。

A. 单件材料采购成本降低额   B. 单件材料采购成本降低率

C. 材料采购成本降低(超耗)额   D. 材料采购成本降低(超耗)率

四、任务评价

1.填写任务评价表

<table>
<tr><td colspan="10" align="center">任务评价表</td></tr>
<tr><td rowspan="2" colspan="2" align="center">考核项目</td><td colspan="3" align="center">分数</td><td rowspan="2" align="center">学生自评</td><td rowspan="2" align="center">小组互评</td><td rowspan="2" align="center">教师评价</td><td rowspan="2" align="center">小计</td></tr>
<tr><td align="center">差</td><td align="center">中</td><td align="center">好</td></tr>
<tr><td colspan="2" align="center">自学能力</td><td align="center">8</td><td align="center">10</td><td align="center">13</td><td></td><td></td><td></td><td></td></tr>
<tr><td colspan="2" align="center">是否积极参与活动</td><td align="center">8</td><td align="center">10</td><td align="center">13</td><td></td><td></td><td></td><td></td></tr>
<tr><td rowspan="3" align="center">言谈举止</td><td align="center">工作过程安排是否合理规范</td><td align="center">8</td><td align="center">16</td><td align="center">26</td><td></td><td></td><td></td><td></td></tr>
<tr><td align="center">陈述是否完整、清晰</td><td align="center">7</td><td align="center">10</td><td align="center">12</td><td></td><td></td><td></td><td></td></tr>
<tr><td align="center">是否正确灵活运用已学知识</td><td align="center">7</td><td align="center">10</td><td align="center">12</td><td></td><td></td><td></td><td></td></tr>
<tr><td colspan="2" align="center">是否具备团队合作精神</td><td align="center">7</td><td align="center">10</td><td align="center">12</td><td></td><td></td><td></td><td></td></tr>
<tr><td colspan="2" align="center">成果展示</td><td align="center">7</td><td align="center">10</td><td align="center">12</td><td></td><td></td><td></td><td></td></tr>
<tr><td colspan="2" align="center">总计</td><td align="center">52</td><td align="center">76</td><td align="center">100</td><td></td><td></td><td></td><td></td></tr>
<tr><td colspan="5">教师签字：</td><td colspan="3" align="center">年　　月　　日</td><td align="center">得分</td><td></td></tr>
</table>

2.自我评价

(1)完成此次任务过程中存在哪些问题？

_____

_____

(2)产生问题的原因是什么？

_____

_____

(3)请提出相应的解决问题的方法。

_____

_____

(4)还需要加强哪些方面的指导(实际工作过程及理论知识)？

_____

_____

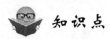 **知识点**

材料采购成本核算

材料采购核算是以材料采购预算成本为基础,与实际采购成本相比较,核算其成本降低或超耗程度。

一、材料采购实际成本

材料采购实际成本是材料在采购和保管过程中所发生的各项费用的总和。它由材料原价、供销部门手续费、包装费、运杂费、采购保管费五方面因素构成。其中任一方面因素都会直接影响材料实际成本的高低,进而影响工程成本的高低。因此,在材料采购及保管过程中,力求节约并降低材料采购成本是材料采购核算的重要环节。

市场供应的材料由于货源来自各地,产品成本不同,运输距离不等,质量情况也各不相同,因此在材料采购或加工订货时要注意材料实际成本的核算,在采购材料时进行各种比较,即同样的材料比质量,同样的质量比价格,同样的价格比运距,综合核算材料成本。尤其是地方大宗材料的价格组成,运费占主要成分,尽量就地取材,减少运输及管理费用尤为重要。

材料实际价格计价是指对每一种材料的收发、结存数量都按其采购过程中所发生的实际成本计算单价。其优点是能反映材料的实际成本,准确地核算工程材料费用;缺点是每批材料由于买价和运距不等,使用的交通运载工具不同,运杂费的分摊十分烦琐,常使库存材料的实际平均单价发生变化,促使日常的材料成本核算工作十分繁重,往往影响核算的及时性。通常按实际成本计算价格,采用先进先出法或加权平均法等。

先进先出法指当同一种材料每批进货的实际成本各不相同时,按各批材料不同的数量和价格分别记入账册。在发生领用时,以先购入的材料数量及价格先计价核算工程成本,按先后顺序类推。

加权平均法指当同一种材料在发生不同实际成本时,按加权平均法求得平均单价,当下一批进货时,又以余额(数量及价格)与新购入的数量、价格作新的加权平均计算,得出新的平均价格。

二、材料预算(计划)价格

材料预算价格是由地区建设主管部门颁布的,以历史水平为基础,并考虑当前和今后的因素而预先编制的价格。

材料预算价格是地区性的,根据本地区工程分布、投资数额、材料用量、材料来源地、运输方法等因素综合考虑,采用加权平均的计算方法确定。材料预算价格包括从材料来源地起,到施工现场的工地仓库或材料堆放地为止的全部价格,主要包括材料原价(或供应价格)、材料运杂费、运输损耗费以及采购保管费。主要的计算公式包括:

$$加权平均原价=(K_1C_1+K_2C_2+\cdots+K_nC_n)/(K_1+K_2+\cdots+K_n)$$
$$加权平均运杂费=(K_1T_1+K_2T_2+\cdots+K_nT_n)/(K_1+K_2+\cdots+K_n)$$
$$运输损耗=(材料原价+运杂费)\times相应材料损耗率$$
$$采购及保管费=材料运到工地仓库价格\times采购及保管费率$$

或　　$$采购及保管费=(材料原价+运杂费+运输损耗费)\times采购及保管费率$$

几项费用汇总之后,得到材料基价:

$$材料预算价格=(材料原价+运杂费)\times(1+运输损耗率)\times(1+采购及保管费率)$$

三、材料采购成本的考核

材料采购成本可以从实物量和价值量两方面进行考核。单项品种的材料在考核材料采购成本时,可以从实物量形态考核其数量上的差异。企业实际进行采购成本考核,往往是分类或按品种综合考核价值上的"节"与"超"。通常有如下两项考核指标:

1.材料采购成本降低(超耗)额

材料采购成本降低(超耗)额＝材料采购预算成本－材料采购实际成本

式中,材料采购预算成本是按预算价格事先计算的计划成本支出;材料采购实际成本是按实际价格事后计算的实际成本支出。

2.材料采购成本降低(超耗)率

材料采购成本降低(超耗)率(％)＝材料采购成本降低(超耗)额÷材料采购预算成本×100％

通过此项指标,考核成本降低或超耗的水平和程度。

例:华夏建筑工程公司四季度从四个产地采购了四批中砂:A批150m³,每立方米采购成本24元;B批200m³,每立方米采购成本23.5元;C批400m³,每立方米采购成本22元;D批250m³,每立方米采购成本23元。

中砂加权平均成本＝(150×24＋200×23.5＋400×22＋250×23)÷(150＋200＋400＋250)＝22.85(元/m³)

中砂在此地区预算单价为每立方米24.88元,故

中砂采购成本降低额＝(24.88－22.85)×1000＝2030(元)

中砂采购成本降低率＝(1－22.85÷24.88)×100％＝8.16％

华夏建筑工程公司四季度采购中砂四批共1000m³,共节约采购费用2030元,成本降低率达到8.16％,经济效果尚好。

阅读材料

项目供应过程的材料核算是材料价格的核算,亦称采购成本核算。目前,企业在计算项目造价时,执行的是地区统一材料预算价格,因此,供应过程的材料核算实质上是预算价格的核算,即以各种材料的预算价格为依据,与实际采购价格进行对比。实际价低于预算价为企业盈余;反之,实际价超过预算价为企业亏损。在投招标条件下,预算价让位于企业报价,因此,供应过程的材料核算也就是报价核算,即以报价为依据,与实际采购价作对比,实际价低于报价为企业盈余,反之为亏损。搞好报价核算主要取决于两个方面:一是所报价格的可靠性,属于报价过程的管理;二是中标后,对所报价格的实现过程的管理。企业在投标过程中,为了某种需要,项目的报价水平有高有低,甚至有较大差别,在这种情况下,都以单个项目的报价为依据进行核算,既不能反映企业经营水平,也不反映企业供应部门的经营水平。同时,在实际采购过程中,不同批次的采购价也有差异,各个项目所用的材料不可能是一次性进货,这就给完全按项目实际进货价格核算造成困难。因此,要搞好企业的报价核算,必须建立企业内部计划价格制度。一是用计划价与项目投标报价比较,反映企业供应部门的经营水平;二是用计划价与采购价比较,反映企业供应部门的经营水平;三是以计划价作为内部供求之间的结算价,避免了企业经营层的某些因素影响到执行层,使项目的成本核算建立在同一个起跑线上,这样,有利于反映企业执行层的管理水平。

任务二 采购成本控制

一、任务描述

作为物资部人员针对项目第一季度材料采购成本核算的结果提出提高采购效益,降低采购成本的方法。

二、学习目标

能针对采购阶段的细节工作提出控制采购成本的建议。

三、任务实施

(一)学习准备

引导问题1:在材料采购阶段,除采购信息调查、经济批量的计算外,采购方式也会影响到材料采购成本,学习每种采购方式的优缺点。

_____

_____

_____

引导问题2:在材料采购批量的管理中,分析采购批量与保管费用、采购费用的关系,并学习经济批量的计算过程。

_____

_____

_____

_____

(二)实施任务

【案例1】

在填写材料采购申请计划时,材料员甲将规格为500cm的原木错写成50cm,致使一车50cm的原木被作为废料处理,材料员被罚款降职。

引导问题1:此错误会对项目造成怎样的损失?对我们的工作有哪些启示?

_____

_____

_____

【案例 2】

表 2－1 ＿＿＿年＿＿月物资使用计划表

单位:××公路隧道工程　　　　　　　　　　申报时间:＿＿年＿＿月＿＿日

序号	材料名称	规格型号	单位	进货数量	已累计进货数量	使用部位	现库存数量	计划进场时间	备注
1	7♯角钢	1.7m	根	6		搅拌站水泥罐连接			
2	7♯角钢	2.3m	根	12		搅拌站水泥罐连接			
3	7♯角钢	2.68m	根	6		搅拌站水泥罐连接			
4	花篮螺丝	30~45cm 长	个	6		搅拌站水泥罐连接			
5	钢筋	HPB$\mathbb{C}$ 6mm×0.7m	根	58		试验室操作台			
6	钢筋	HPB$\mathbb{C}$ 6mm×2m	根	12		试验室操作台			
7	钢筋	HPB$\mathbb{C}$ 6mm×2.1m	根	12		试验室操作台			
8	钢筋	HPB$\mathbb{C}$ 6mm×3.0m	根	18		试验室操作台			

施工现场负责人:＿＿年＿＿月＿＿日　　　　工程部:＿＿年＿＿月＿＿日

项目总工:＿＿年＿＿月＿＿日　　　　　　　项目经理:＿＿年＿＿月＿＿日

引导问题 1:填写物资部采购申请计划。

＿＿＿＿＿＿＿＿＿＿＿＿＿＿＿＿＿＿＿＿＿＿＿＿＿＿＿＿＿＿＿＿＿＿＿＿

＿＿＿＿＿＿＿＿＿＿＿＿＿＿＿＿＿＿＿＿＿＿＿＿＿＿＿＿＿＿＿＿＿＿＿＿

＿＿＿＿＿＿＿＿＿＿＿＿＿＿＿＿＿＿＿＿＿＿＿＿＿＿＿＿＿＿＿＿＿＿＿＿

引导问题 2:物资部采购申请计划与工程部物资使用计划的区别是什么?如果照单抄会造成什么结果?

＿＿＿＿＿＿＿＿＿＿＿＿＿＿＿＿＿＿＿＿＿＿＿＿＿＿＿＿＿＿＿＿＿＿＿＿

＿＿＿＿＿＿＿＿＿＿＿＿＿＿＿＿＿＿＿＿＿＿＿＿＿＿＿＿＿＿＿＿＿＿＿＿

＿＿＿＿＿＿＿＿＿＿＿＿＿＿＿＿＿＿＿＿＿＿＿＿＿＿＿＿＿＿＿＿＿＿＿＿

＿＿＿＿＿＿＿＿＿＿＿＿＿＿＿＿＿＿＿＿＿＿＿＿＿＿＿＿＿＿＿＿＿＿＿＿

【案例3】

工程部于 8 月 8 日提出一批 HPB$\mathbb{C}$6mm×0.7m、HPB$\mathbb{C}$6mm×2m、HPB$\mathbb{C}$6mm×2.1m、HPB$\mathbb{C}$6mm×3.0m 钢筋用料计划,根数分别为 58、12、12、18 根,8 月 9 日使用,物资部人员加班加点采购,确保了物资供应及时。

引导问题 1: 在此工作程序中存在哪些问题? 物资人员如何采取主动避免此类问题发生?

_____

_____

_____

引导问题 2: 钢材长度重量换算方法。

_____

_____

_____

_____

引导问题 3: 依据工程部所提用料计划编制采购计划。

_____

_____

_____

_____

【案例4】

在管棚超前支护施工中,设计管棚长度为 30m,工程部提材料使用计划时采用热轧无缝钢管 $\mathbb{C}$108mm×6mm,共需 2500m,规格为每根 6m。材料到达现场时管为 9m,施工人员认为顶进 30m 可用 5 根 6m 管,而 9m 管则需 3 根多,故认为采购规格不合理。

引导问题: 依据无缝钢管的出厂规格,施工人员的说法正确吗? 若按工程部提的物资使用计划编制采购申请计划,是否会增加采购成本?

_____

_____

_____

_____

【案例5】

表 2-2 _____年____月份物资使用计划表

单位:××隧道 2# 施工队　　　　　　　　　　　　　　申报时间:___年___月___日

序号	材料名称	规格型号	单位	进货数量	已累计进货数量	使用部位	现库存数量	计划进场时间	备注
1	工字钢	工 20b	t	50		洞内钢拱架		8 月 12 日	9m/条
2	HRB335螺纹钢	$\mathbb{C}$22	t	10		拱架连接筋		8 月 12 日	9m/条

续表 2 - 2

序号	材料名称	规格型号	单位	进货数量	已累计进货数量	使用部位	现库存数量	计划进场时间	备注
3	HPB335 圆钢	Ø22	t	5		初支网片		8月12日	盘圆
4	焊管	Ø150mm×4.5mm	m	100		搅拌站水泥罐连接		8月12日	6m/条

施工现场负责人：___年___月___日   段区负责人确认：___年___月___日

工程部：___年___月___日   项目总工：___年___月___日

项目经理：___年___月___日

引导问题 1：说明各种材料规格型号的含义。

_____

_____

_____

引导问题 2：计划中备注列所列要求是否合理？具体说明为什么？

_____

_____

_____

引导问题 3：收料时若无地磅，如何验收数量？（提示：将重量换算成长度）

_____

_____

_____

引导问题 4：若有磅单，过磅称重的实际重量和按单位长度重量计算的理论重量不相符时，应怎样判断钢筋质量是否合理？填写收料单时，应按实际重量还是理论重量确定材料吨位？

_____

_____

_____

引导问题 5：下达采购计划时，应填写材料运输目的地、到货截止时间、施工部位对材料质量的要求（如质保书）、收料人联系电话等注意事项。按此要求编制采购计划。

_____

_____

_____

【案例6】

表 2 - 3　　　　年　　　月份物资使用计划表

单位：××隧道 1♯隧道出口、2♯隧道进口　　　　　　　　　　申报时间：　　年　月　日

序号	材料名称	规格型号	单位	进货数量	已累计进货数量	使用部位	现库存数量	计划进场时间	备注
1	工字钢	工 20b 型	t	4		洞内支护			
2	工字钢	工 18 型	t	3		洞内支护			
3	工字钢	工 16 型	t	3		洞内支护			
4	HRB335 螺纹钢	∮28	t	8		系统锚杆			
5	HRB335 螺纹钢	∮25	t	8		护坡锚杆			
6	HRB335 螺纹钢	∮22	t	12		锁脚锚杆			
7	HPB235 圆钢	∮8	t	5		钢筋网片			
8	HPB235 圆钢	∮10	t	5		钢筋网片			
9	导向管	∮133mm×4mm	m	180		管棚管套			6m
10	管棚	∮108mm×6mm	m	2700		管棚			6m
11	钢板	厚 16mm	张	5		工字钢连接板			2m×1.8m
12	速凝剂		t	5		洞内支护			
13	锚固剂		t	5		洞内支护			早强砂浆锚杆
14	水泥	R325	t	10		注浆			
15	水泥	R425	t	60		注浆			
16	碎石	3～5mm	m³	30		临建			
17	砂子		m³	30		临建			
18	C15 片石砼		m³	80		护脚墙挡墙			
19	水泥管	∮1m	m	60		排水管			
20	水泥管	∮1.5m	m	26		排水管			
21	∮42 小导管		m	1000		洞身注浆			
22	C25 砼		m³	150		导拱			
23	C25 喷射砼		m³	300		初期支护、护坡			

序号	材料名称	规格型号	单位	进货数量	已累计进货数量	使用部位	现库存数量	计划进场时间	备注
24	高强螺栓、螺帽		套	400		初期支护			

施工现场负责人：___年___月___日　　　　旁站人员确认：___年___月___日

工程部：___年___月___日　　　　　　　　项目总工：___年___月___日

项目经理：___年___月___日

引导问题 1：分析这些材料在施工中哪道工序使用，借此了解隧道施工。

_____

_____

_____

_____

引导问题 2：编制材料采购计划（表 2 - 4）。

表 2 - 4　物资采购申请计划

编制单位：_____　　　___年___月___日　　　　单号：NO_____

序号	材料编号	材料名称	规格型号	用途或工号	计量单位	单价	申请量		批准量	
							数量	金额	数量	金额

业务主管：_____　　　技术主管：_____　　　主管经理批准：_____

【案例 7】

某种材料某企业全年耗用总量为 120t，每次采购费是 80 元，年保管费率为材料平均储备价值的 20%，材料单价为 60 元/t。

引导问题：求总费用最低的经济采购批量。

_____

_____

_____

_____

【案例 8】

由于现场急需，材料员甲在五金店垫钱购买了 2.5mm² 的两卷铜线共 280 元，发给用料人且用料人在购买时的收款收据上签字后即向财务科报账，并将收款收据上交作为财务支付凭证。

引导问题：为保证月末物资收发盘点平衡，按照材料员收发料工作程序，材料员接下来应该做好哪些工作？

_____

_____

_____

_____

四、任务评价

1. 填写任务评价表

考核项目		分数			学生自评	小组互评	教师评价	小计
		差	中	好				
自学能力		8	10	13				
是否积极参与活动		8	10	13				
言谈举止	工作过程安排是否合理规范	8	16	26				
	陈述是否完整、清晰	7	10	12				
	是否正确灵活运用已学知识	7	10	12				
是否具备团队合作精神		7	10	12				
成果展示		7	10	12				
总计		52	76	100				
教师签字：			年　月　日				得分	

任务评价表

2. 自我评价

(1)完成此次任务过程中存在哪些问题？

_____

(2)产生问题的原因是什么？

_____

(3)请提出相应的解决问题的方法。

_____

(4)还需要加强哪些方面的指导(实际工作过程及理论知识)？

_____

_____

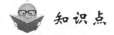 知识点

采购成本控制

影响采购成本的因素有很多,那么要做好采购成本控制,我们就从采购工作的第一步开始,沿着采购工作的流程来看看在采购过程中要注意的问题。

一、材料采购申请计划的编制

目前,就项目工程建设的材料来源,有建设单位供应、公司供应市场采购和临时租入几条渠道,为正确组织材料的供应工作,必须正确地编制材料供应计划。材料供应计划由生产计划部门按月编制并应于每月10日以前申报下月材料计划。计划报给材料供应部门后,由材料部门结合供应渠道和库存情况,进行综合平衡,编制材料申请计划表报送建方或下达采购通知单,便于及时组织供应。

二、加强采购过程的管理

开展市场调查,掌握市场动态,加强市场采购材料的管理,是采购成本控制的一项重要内容。采购时如何做到货比三家,物美价廉,这直接关系到工程建设的进度、质量、成本等方面的问题。因此,在采购时要从以下几方面作出选择:

(1)价格和费用的选择。价格和费用的高低,是选择供货单位的重要标准。价格和费用的高低决定着材料的采购成本,对项目的经济效益有一定的影响。

(2)量的选择。即选择能够保证质量的供货单位。

(3)交货情况。付款方式和售后服务的选择一般选择交货及时、手续简便、服务态度好、信誉好的单位。

(4)地理位置的选择。就近选择供货单位,便于双方及时联系,节省运输费用及其他费用。

三、材料采购批量的管理

材料采购批量是指一次采购材料的数量。其数量的确定是以施工生产需用为前提,按计划分批进行采购。采购批量直接影响着采购次数、采购费用、保管费用和资金占用、仓库占用。在某种材料总需用量中,每次采购的数量应选择各项费用综合成本最低的批量,即经济批量或最优批量。经济批量的确定受多方因素影响,按照所考虑主要因素的不同一般有以下几种方法:

1.按照商品流通环节最少的原则选择最优批量

从商品流通环节看,向生产厂直接采购,所经过的流通环节最少,价格最低。不过生产厂的销售往往有最低销售量限制,采购批量一般要符合生产厂的最低销售批量。这样既减少了中间流通环节费用,又降低了采购价格,而且还能得到适用的材料,最终降低了采购成本。

2.按照运输方式选择最优批量

在材料运输中有铁路运输、公路运输、水路运输等不同的运输方式。每种运输中一般又分整车运输和零担运输。在中、长途运输中,铁路运输和水路运输较公路运输价格低,运量大。

而在铁路运输和水路运输中,又以整车运输费用较零担运输费用低。因此一般采购应尽量就近采购或达到整车托运的最低限额以降低采购费用。

3.按照采购费用和保管费用支出最低的原则选择经济批量

采购费用是随采购次数变动而变动的费用,包括差旅费、业务费等。储存费用是随储存量变动而变动的费用,包括仓储费、占用资金利息费用、商品损耗费用等。材料采购批量越小,材料保管费用支出越低,但采购次数越多,采购费用越高。反之,采购批量越大,保管费用越高,但采购次数越少,采购费用越低。因此采购批量与保管费用成正比例关系,与采购费用成反比例关系。

某种材料的总需用量中每次采购数量,使其保管费和采购费之和为最低,则该批量称为经济批量。该经济批量的计算方法有两种:一种为试凑法,计算不同采购数量下所发生的各项费用,从中选择综合费用最低的采购批量作为经济批量;另一种为公式法,应用二次函数求极值的方法,直接计算经济批量。

例:某企业消耗某种材料总量为120t,每次采购发生的平均费用为80元,年度保管费率按材料保管平均价值的20%计算。若材料的平均单价为60元/吨,求总费用最低的经济采购批量。

解法一:试凑法

根据以下公式计算采购批量与各项费用的关系:

$$年度保管费=1/2\ 采购批量×单位材料年度保管费率×材料价格$$
$$年度采购费=采购次数×每次采购费用$$
$$年度总费用=年度保管费+年度采购费$$

(1)设全年采购一次,则采购批量为120t,其各项费用为:

年度保管费=1/2×120×20%×60=720(元)

年度采购费=1×80=80(元)

年度总费用=720+80=800(元)

(2)设全年采购三次,则采购批量为40t,其各项费用为:

年度保管费=1/2×40×20%×60=240(元)

年度采购费=3×80=240(元)

年度总费用=240+240=480(元)

(3)设全年采购六次,则采购批量为20t,其各项费用为:

年度保管费=1/2×20×20%×60=120(元)

年度采购费=6×80=480(元)

年度总费用=120+480=600(元)

上述计算过程可列表,见表2-5。

表2-5　材料采购数量及费用表

总需求量(t)	采购次数(次)	每次采购量(t/次)	平均库存(t)	保管费用(元)	采购费用(元)	总费用(元)
120	1	120	$\frac{120}{2}$	720	80	800
120	3	40	$\frac{40}{2}$	240	240	480
120	6	20	$\frac{20}{2}$	120	480	600

由表 2-5 可见,采购三次,每次采购 40t,能使采购费与保管费之和为 480 元属于最低。则 40t 为该材料的经济采购批量,其年保管费用预计为 240 元,采购费用预计为 240 元,总费用预计为 480 元。

解法二:公式法

根据公式

$$经济采购批量 = \sqrt{\frac{2 \times 材料需用量 \times 每次采购费用}{单价 \times 单位材料年保管费率}}$$

将上例中各项数量带入公式,得:

$$经济批量 = \frac{\sqrt{2 \times 120 \times 80}}{60 \times 20\%} = 40(t)$$

即经济批量为 40t,全年采购次数为 $\frac{120t}{40t} = 3$ 次,其保管费用和采购费用预计支出:

年度保管费 $= 1/2 \times 40 \times 20\% \times 60 = 240(元)$

年度采购费 $= 3 \times 80 = 240(元)$

年度总费用 $= 240 + 240 = 480(元)$

在使用这种方法计算经济批量时,应具备以下几个条件:

(1)需求比较确定;

(2)消耗比较均衡;

(3)资源比较丰富,能及时补充库存;

(4)仓库条件及资金不受限制。

学习情境三

供应成本核算与控制

任务一 材料供应的核算

一、任务描述

作为物资部人员对项目第一季度各材料供应商的供应质量进行考核。

二、学习目标

掌握供应核算的指标及核算方法。

三、任务实施

(一)学习准备

引导问题 1:按质、按量、按时配套供应各种材料是保证施工生产正常进行的基本条件之一。检查考核材料供应计划的执行情况应从哪几个方面来考核?

_____

_____

_____

_____

引导问题 2:

材料供应计划完成率＝_____

材料供应品种配套率＝_____

某种材料供货及时性率＝_____

(二)实施任务

【案例 1】

某工程处今年上半年地方材料采购供应计划完成情况如表 3-1 所示。

表 3-1　上半年地方材料采购供应情况

材料名称	计量单位	计划供应量	实际进货量
砖	千块	3000	2400
黏土瓦	千张	600	760
石灰	t	500	450
砂	m^3	4000	4400
石子	m^3	3500	4550

引导问题 1: 分析各种材料供应计划的完成率。

_____

_____

_____

引导问题 2: 分析材料供应品种配套率,对材料供应工作进行评价。

_____

_____

_____

【案例 2】

某工程处上月(30 天)普通水泥供货执行情况如表 3-2 所示。

表 3-2　普通水泥供货执行情况　　　　　　　　　　　　　　单位:t

材料名称及批次	合同约定供货量		实际供货情况		对本月需用量的保证程度	
	本月	每日	日期	数量	按日计	按数量计
水泥	3000	100				
第一批			当月 3 日	700		
第二批			当月 12 日	1200		
第三批			当月 18 日	600		
第四批			当月 29 日	600		
合计	3000			3100		

引导问题 1: 分析水泥供应对当月需用量的保证程度,并将数据填入表中。

_____

_____

_____

引导问题 2: 分析水泥供应的及时率。

_____

_____

【选择题】

检查材料收入执行情况的常用指标是（　　）。

A. 材料供应计划完成率 B. 材料收入量

C. 材料供应及时性 D. 材料供应配套性

四、任务评价

1. 填写任务评价表

任务评价表							
考核项目	分数			学生自评	小组互评	教师评价	小计
	差	中	好				
自学能力	8	10	13				
是否积极参与活动	8	10	13				
言谈举止 工作过程安排是否合理规范	8	16	26				
陈述是否完整、清晰	7	10	12				
是否正确灵活运用已学知识	7	10	12				
是否具备团队合作精神	7	10	12				
成果展示	7	10	12				
总计	52	76	100				
教师签字：				年　月　日		得分	

2. 自我评价

（1）完成此次任务过程中存在哪些问题？

_____

_____

（2）产生问题的原因是什么？

_____

_____

（3）请提出相应的解决问题的方法。

_____

_____

（4）还需要加强哪些方面的指导（实际工作过程及理论知识）？

_____

_____

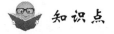 知识点

材料供应的核算

材料供应计划是组织材料供应的依据,是根据施工生产进度计划、材料消耗定额等编制的。施工生产进度计划确定了一定时期内应完成的工程量,而材料供应量是根据工程量乘以材料消耗定额,并考虑库存、合理储备、综合利用等因素经平衡后确定的。因此,按质、按量、按时配套供应各种材料是保证施工生产正常进行的基本条件之一。所以,检查考核材料供应的执行情况主要是检查材料收入的执行情况,它反映了材料供应对生产的保证程度。

材料供应计划的执行情况,就是将一定时期(旬、月、季、年)内的材料实际收入量与计划收入量作对比,以反映计划完成情况。一般情况下,材料供应工作的考核主要包括三个方面内容:

(1)供应数量分析。主要指标是一定计划期内按定额计算的材料需要量与订货量和该期实际供货量的比较,研究供货量与需要量不一致的原因,找出改进的方法。

(2)供应时间分析。要找出不能满足施工进度要求的关键供应环节,明确责任并提出分析意见。

(3)供应材料质量分析。主要分析进货的品种、规格、材质是否符合要求、是否齐全。

一、材料供应数量分析指标——材料供应计划完成率、材料供应品种配套率

目的是考核各种材料在某一时期内的收入总量是否完成了计划,检查从收入数量上是否满足了施工生产的需要。其计算公式为:

$$材料供应计划完成率=实际收入量/计划收入量×100\%$$

考核材料供应计划完成率,是从整体上考核完成情况,而具体品种规格,特别是对未完成材料供应计划的材料品种,对其进行品种配套供应考核是十分必要的。

$$材料供应品种配套率=实际满足供应的品种数/计划供应品种数×100\%$$

例:某施工企业某月材料供应计划及完成情况如表3-3所示。

表3-3 某施工企业某月材料供应计划及完成情况

材料名称	规格	单位	进料来源	进料方式	进料数量		实际完成情况(%)
					计划	实际	
水泥	425	t	水泥厂	卡车运输	390	429	110
黄砂		t	材料公司	卡车运输	780	663	85
碎石	5～40mm	t	材料公司	航运	1560	1636	105

检查材料收入量是保证生产任务所必须的条件,是保证施工生产顺利进行的一项重要条件。若收入量不充分时如表3-3中砂子,仅完成计划收入时的85%,就会造成一定程度上的材料供应数量不足而中断施工生产。

从品种配套情况看,3种材料有1种没有完成供应计划,配套率为66.7%,像这样的配套,不但影响施工的进行,而且使已进场的其他地方材料形成呆滞,影响资金的周转使用。要认真查找每一种材料完不成计划的原因,采取相应的有效措施,力争按计划配套供应。

二、材料供应时间分析指标——材料供应的及时率

在考核材料供应计划的执行情况时,还会遇到收入总量的计划完成情况良好,但实际上施工现场却发生停工待料现象。这是因为在供应工作中还存在收入时间是否及时的问题,也就是说即使收入总量充分,但供应时间不及时,也同样会影响施工生产的正常进行。

计算公式为:

$$材料供应及时率=实际供应保证生产的天数/实际生产天数\times100\%$$

例:在分析考核材料供应及时率时,需要把时间、数量、平均每天需用量和期初库存量等资料联系起来考核。例如表3-3中水泥供应情况为110%,从总量上看满足了施工生产的需要,但从时间上看,供应不及时,大部分水泥的供应时间集中在中下旬,影响上旬施工生产的顺利进行。见表3-4。

表3-4　某施工企业某月水泥供应及时性考核　　　　　　　　　　　　　单位:t

进货批数	计划需用量		期初库存量	计划收入量		实际收入		计划完成情况(%)	对生产的保证程度	
	本月	平均每日用量	日期	日期	数量	日期	数量			
水泥	390	15	30						2	30
第一批				1	80	5	45		3	45
第二批				7	80	14	105		7	105
第三批				13	80	19	120		8	120
第四批				19	80	27	159		3	45
第五批				25	70					
							429	110	23	345

从表3-4可以看出,当月的水泥供应总量超额完成了计划,但由于供应不均衡,月初需用的材料却集中于后期供应,其结果造成了工程发生停工待料现象。实际收入总量429t中,能及时应用于生产建设的只有345t,停工待料3天,供应及时率的计算公式为:

$$水泥本月供应及时率=23\div30\times100\%=76.7\%$$

任务二　材料供应的控制

一、任务描述

作为物资部人员针对项目第一季度材料供应质量考核的结果提出改善材料供应服务的方法。

二、学习目标

能针对供应服务质量的考核结果提出改善供应质量的建议。

三、任务实施

(一)学习准备

引导问题:在材料供应阶段,把好材料验收关、控制好材料发放量,才能有效控制材料供应成本。具体应如何做好材料收发工作?

_____

_____

_____

_____

(二)实施任务

【案例1】

电工用料繁杂量小,材料员在现场收一批电工用料时不断询问每一件东西的名称、规格型号并清点数量后进行现场记录,耗时费力。

引导问题:根据物资管理业务流程提出怎样改善这种情况?

_____

_____

_____

_____

【案例2】

一供料商于夜间十点送16t PC32.5级水泥到工地,工地用料单位负责人对水泥数量不认可不予签收,并电话通知物资部人员水泥数量不符的情况。司机打电话给项目物资人员要求开票,物资人员开票写明数量1车,并口头协定数量待现场确认后再签。

引导问题1:在此工作事件中哪些做法不符合物资管理要求? 会造成什么影响?

_____

_____

_____

_____

引导问题2:水泥现场查看堆垛长、宽、高分别为7袋×4袋×10袋,并且从俯视角度发现在垛宽的中间两列每列垛长为6袋。计算现场实际水泥数量为多少吨?

_____

_____

_____

_____

【案例3】

某分项工程建设中共用C25砼1000m³,即需PC42.5水泥345t、2~4mm碎石761m³、黄河细砂500m³,截止到8月8日各种材料已供应一半。现场陆续供料,8月9日早上施工队伍负责人要1车袋装水泥下午使用,物资人员通知供方,供料方立即排队拉水泥但下午上班前仍未送到现场,导致施工停顿。8月9日连续送黄河细砂15车,共270m³,2～4mm碎石15车共300m³,8月10日早又送来数车碎石和细砂,现场已无地方存放。

　　引导问题1:由于现场场地限制,砂石料供料实行零库存或者库存尽可能少,这对物资管理工作提出了更高的要求,针对此案例,物资人员应尽可能做好哪些工作以避免供料不及时情况发生?

_____

_____

_____

　　引导问题2:上述案例中对于细砂和碎石的管理工作存在哪些问题?应如何改善?(从材料供应量是否充足考虑)

_____

_____

_____

四、任务评价

1.填写任务评价表

<table>
<tr><td colspan="9" align="center">任务评价表</td></tr>
<tr><td rowspan="2" colspan="2">考核项目</td><td colspan="3" align="center">分数</td><td rowspan="2">学生自评</td><td rowspan="2">小组互评</td><td rowspan="2">教师评价</td><td rowspan="2">小计</td></tr>
<tr><td>差</td><td>中</td><td>好</td></tr>
<tr><td colspan="2">自学能力</td><td>8</td><td>10</td><td>13</td><td></td><td></td><td></td><td></td></tr>
<tr><td colspan="2">是否积极参与活动</td><td>8</td><td>10</td><td>13</td><td></td><td></td><td></td><td></td></tr>
<tr><td rowspan="3">言谈举止</td><td>工作过程安排是否合理规范</td><td>8</td><td>16</td><td>26</td><td></td><td></td><td></td><td></td></tr>
<tr><td>陈述是否完整、清晰</td><td>7</td><td>10</td><td>12</td><td></td><td></td><td></td><td></td></tr>
<tr><td>是否正确灵活运用已学知识</td><td>7</td><td>10</td><td>12</td><td></td><td></td><td></td><td></td></tr>
<tr><td colspan="2">是否具备团队合作精神</td><td>7</td><td>10</td><td>12</td><td></td><td></td><td></td><td></td></tr>
<tr><td colspan="2">成果展示</td><td>7</td><td>10</td><td>12</td><td></td><td></td><td></td><td></td></tr>
<tr><td colspan="2">总计</td><td>52</td><td>76</td><td>100</td><td></td><td></td><td></td><td></td></tr>
<tr><td colspan="4">教师签字:</td><td colspan="3" align="center">年　月　日</td><td colspan="2" align="center">得分</td></tr>
</table>

2.自我评价

(1)完成此次任务过程中存在哪些问题?

_____

(2)产生问题的原因是什么?

_____

_____

(3)请提出相应的解决问题的方法。

_____

_____

(4)还需要加强哪些方面的指导(实际工作过程及理论知识)?

_____

_____

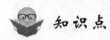 知识点

材料供应控制

一、材料供应工作与其他工作的紧密关系

1.与材料计划的联系

材料供应工作是一项经济技术性很强的工作,它直接关系到工程的进度、质量、成本及项目的经济效益。在材料供应过程中,必须严格按照生产计划部门提供的材料计划要求,按时保质保量,按品种采购供应,合理组织运输,对于盲目采购造成积压浪费要查明原因,由责任者承担其经济责任。

2.与合同管理的联系

材料供货合同,是供需双方为完成供应协作任务明确双方利益和经济责任而签订的材料供应契约。供应合同一般应该包括:材料名称、规格品种、质量(包括包装)、数量和计量,技术标准,包装物的供应和回收,产品的交货单位、交货地点、日期、交货方式、运输方式,产品价格与结算方式,开户银行、账号和合同双方应承担的经济责任、经办人等内容,所列的条款必须详尽清楚,合同一经签订,应将合同进行汇总、编号、登记和分类归档,实行统一管理。在执行合同管理过程中,要经常加强供需双方联系,主动了解供货情况,协调供需进度,同时对每次的交货情况双方都应作详细记录,对不执行合同的单位,必须追究经济和法律责任。

3.材料配套供应

材料配套供应,是指在一定时间内,对某项工程所需的各种材料,包括主要材料、辅助材料、周转使用材料和工具用具等,根据施工组织设计要求,通过综合平衡,按材料的品种、规格、质量、数量配备成套,供应到施工现场。建筑材料配套性强,任何一个品种或一个规格出现缺口,都会影响工程进行。各种材料只有齐备配套,才能保证工程顺利建成投产。

总之,材料供应部门在材料供应过程中,应该积极协调与施工生产部门的关系,与外单位建立正常协作关系,从促进公司经济效益出发,广开货源,保证供应。

例:某工程为单层钢筋混凝土排架结构,工程主要包括60根钢筋混凝土柱子和1榀屋架,

工期 540 天。其中混凝土估算工程量为 1200m³，计划需用水泥 438t，实际混凝土工程量为 1800m³，耗用水泥 657t。由于估算工程量严重不足，使水泥等材料供应处于被动，经常发生停工待料，工期延误 20 天，按合同规定施工单位需支付 30 万元违约金。问题：

（1）该工程为什么会发生停工待料，由谁负责主要责任？

（2）该施工企业的材料管理存在哪些问题？

分析

（1）停工待料的直接原因是材料实际需用量与计划需用量误差太大。据分析，该工程水泥计划用量是按概算定额估算的，在施工图到达工地后没有根据施工图作材料用量分析，对估算量进行核实。应由用料单位和供应计划编制部门负主要责任。用料单位负计算错误的责任，供应计划编制部门负不能正确核实的责任。

（2）该企业材料管理部门在发生一次停工待料后应迅速发现问题并调整供应计划，同时建立储备，保证工程用料，经常发生停工待料说明该企业的材料管理运转不力，信息反馈差，惰性大，需要对整个材料管理部门进行整顿，提高应变能力。

二、现场材料管理程序

施工现场是建筑企业多工种联合作业的场所，使用的各种材料、构件、设备、工具品种规格繁多，加上露天作业、流水作业与立体交叉作业多，工序衔接复杂，劳动力调进调出频繁。要在这样一个复杂的施工生产领域里合理组织施工生产，做好材料供、管、用等工作，按质按期地多、快、好、省地完成建设任务，必须用科学的方法进行管理。

1.把好进场材料验收关

进入施工现场的材料，其质量的优劣、数量的缺吨亏方，最终必然要反映到建筑产品的质量及成本上来。要保证建筑工程的质量，并促使建筑工程各项技术经济指标获得全优，首先就要保证材料的质量，因此，对进入施工现场的材料要严格验收其规格、质量和数量，对不符合技术要求的，必须向供方书面提出退货、掉换、赔偿或追究违约责任的处理意见。验收的基本要求是：正确、及时、严格，要把好材料质量关、数量关和单据关。即：凭证手续不全不收，规格数量不符不收，质量不合格不收。材料在验收质量和数量后，按实收数及时办理材料入库验收单，及时登账做卡。

①代用材料的验收：材料代用是经常发生的问题。由于供应的材料规格不符合施工用料要求或因设计变更而改变用料规格，因而发生材料代用，如钢筋大规格代小规格、水泥高标号代低标号。建设单位来料在收料时发现供料不符合施工用料要求者，应先办理经济签证手续，明确经济损失处理后再验收。如果在收料后发生设计变更而代用者，则以技术核定单作依据。

②保证进场材料的数量准确：材料进场要按照法定计量单位和标准计量器具，采取点数、过磅、标尺、换算、量方等办法进行数量验收。周转材料必须按租用合同规定内容和计量方法验收，不用时应及时退租。构件应按型号规格单位体积计量验收。

③质量问题：按施工技术管理规定，立体结构用料必须具有质量合格证，无质量合格证者不能验收。有的材料（如水泥、焊条等）虽有合格证明，但已超过保管期限或发现已变质，必须重新检验，经检验合格后才能验收，其检验费用由供料的一方负担。

一切进场材料验收，都必须做好原始记录，经核对无误后才能正式办理验收凭证和入库入账手续，不得随便在进场料单上签字，一经签收，就要负责到底。

2.把好现场材料保管关

材料保管和维护保养是仓库管理的日常性业务,基本要求是:保质、保量、保安全。仓库储存材料应在统一规划、分区分类、合理存放、划线定位、统一分类编号及定位保管的基础上,按照"合理、牢固、定量、整洁、节约和方便"的原则合理堆码。材料堆码力求做到四号定位(即定仓库号、货架号、架层号、货位号)和五五化(即以五为基数进行材料堆码)。

材料的维护保养,必须坚持"防备为主、防治结合"的原则,在工作实践中做到:

①根据材料不同的性能,采取不同的保管条件;

②做好堆码及防潮防损工作;

③严格控制温度和湿度;

④经常检查,随时掌握和发现保管材料的变质情况,并采取有效的补救措施;

⑤严格控制材料储存期限;

⑥搞好仓库卫生及库区环境卫生,加强安全及保卫工作;

⑦仓库和料场的材料必须定期进行盘点,以便准确地掌握实际库存量,了解材料储备定额执行情况,发现材料保管中存在的各种问题。

具体的保管方法一般应按品种采取以下方法进行保管:

①钢材的保管:按不同的钢号、品种规格、长度及不同的技术质量标准分别堆放,对退回的可用的余料也需要分材质堆放,以利使用,对所有钢材均应防潮和防酸碱锈蚀。完好与锈蚀的钢材应分开,并及时除锈,尽早投入使用。

②水泥的保管:水泥是水硬性凝胶材料,受潮后会发生硬化,降低强度,一般应专库保管,如需在露天短期存放,必须有足够毡垫及防雨措施。堆放水泥要按厂别、品种规格、标号、出厂日期分开保管,坚持先进先用的原则;散装水泥应用水泥罐或设置密封仓库进行保管,并严禁不同品种标号混装。

③木材保管:施工现场一般均用垛堆放板材等锯材,堆垛时应按树种、材质、规格、等级、长短、新旧分别堆放,场内要清洁,除去一切杂物杂草,并设垛基 40cm 以上,而且要留有空隙,以便通风。此外,留意防火、防潮、防腐、防蛀,还要避免曝晒引起的开裂翘曲。

④砖瓦的保管:普通砖与空心砖都可以露天存放,但要求地基坚实、平坦、干净,应留走道,四面要排水。饰面砖和耐火砖、耐酸砖等应储存在室内棚库,如无条件需在露天存放时须上盖下垫,以防受潮影响质量。堆放饰面砖、耐火砖时,应按不同品种、规格、式样、色彩悬挂标牌,定量堆垛,以便于收发、保管和盘点。平瓦堆放应横立,瓦与瓦之间排列要紧密,叠放高度不超过五层,用途及等级不同者应分别堆放。石棉瓦应在棚库内保管,平直存放,留意防震,以免破裂而不能使用;堆放室外时,须覆盖,防止瓦上积水,每垛高度以不超过 50 张为宜,垛上不得放置杂物,不得敲击,以免损坏。

⑤砂、石的保管:应按施工平面布置图在工程使用点或搅拌台站附近堆放保管,并按堆放悬牌标明规格数量,不得任意搬迁位置乱堆乱放。地面要平整坚实,做方存放,以利检尺量方,防止污水、液体油脂浸入砂石中。彩色石子或白石子等一般用编织袋装运,未用包装装运的应冲洗后使用。散装石子或石粉,应修建简易库房,而且要分别堆存。

⑥石油沥青的保管:石油沥青是易燃有毒物品,要注意防火、防毒,绝对避免与易燃品堆放在一起,还应防止风吹、日晒、雨淋,按品种牌号分别堆放。假如发生火灾,切忌用水扑救,以免热液流散而扩大灾难损失,须用泡沫灭火机、二氧化碳灭火机、四氯化碳灭火机扑灭,或用砂土

扑灭。

⑦钢筋混凝土构件的保管:按分阶段的平面布置图规定位置堆放,场地要平整夯实,尽可能靠近起吊设备的起吊半径范围内。堆放时要弄清钢筋分布情况,不能放反。不宜堆码过高,上下垫木位置要垂直同位。按规格、型号结合施工进度分层分段,把先用的堆在上面,以便按顺序进行吊装,防止倒塌、断裂和二次搬运。

⑧钢、木构件的保管:分品种、规格、型号堆放,要上盖下垫、挂牌标明,以防止错发错领,存放时间较长的钢、木门窗、铁件等要放入棚库,防止日晒雨淋、变形或锈蚀。

3.把好现场材料的发放关

材料发放是材料工作服务于生产的直接体现,也是加强现场材料管理的环节。加强材料管理,就是要彻底改变敞口供应(即"以领代耗")那种不讲经济核算吃"大锅饭"的局面,要做到领有标准,发有依据,控制乱要、多要等不良现象。控制材料一般有以下办法:

(1)按定额发料。按定额发料就是按施工预算的材料消耗进行发料,做到发料、用料有定额。工程完工后,余料要退回,避免浪费,同时还要检查造成材料超耗和节约的原因。对超耗材料的必须查明原因,经核定批准后,才能补发,并要明确经济责任。

对于不是直接构成建筑实体的材料和使用工具,即周转材料和工具(如脚手架周转材料、模板、夹具和高凳等),现在一般都实行租赁办法,使用阶段由班组负责保管,完工后进行清点,超过定额规定损耗要查明原因并负一定经济责任,节约的要发给奖金进行鼓励。

分部分项工程共用的材料,如水泥砂浆、混凝土等,有条件的应建立集中搅拌站,实行商品供应;或按限额发牌子,结算时可根据收回牌子的数量进行用料结算。这个办法可以避免砂浆、混凝土搅拌了无人用,同时也易于分别核算。搅拌站每天生产的产品以及按配合比耗用的原材料,应逐日做好记录,整理汇总,分单位工程或分部分项工程分户记账,由班组材料员核实签字认可,再办理领用手续。共用的材料一般不要采用按任务分摊的办法,更不能吃"大锅饭"。对自搅自用者,应请专人控制配料,以防无形浪费。

(2)按定包合同发料。实行内部承包经济责任制,按栋号或分部分项材料消耗定额包干使用的,可按以下三种方式核发材料:

①实行单位工程栋号承包的,按栋号定包合同核定的施工预算或施工图预算材料包干计划发料。

②根据专业施工要求,组织专业工程队按分部工程或专业施工项目进行定包的,如模板工程、混凝土工程、砂浆搅拌、油漆、玻璃等,可以分别按分项工程量、技术措施、配合比及有关施工定额计算的材料需用量进行发料。

③按分项工程以生产班组进行定包核算的,如砌砖、抹灰、油漆、防水、木作及混凝土等,分别按分项工程量及有关定额资料核算的材料需要量进行发料。

(3)材料出库的程序。

①预备:根据品种的性质及数量的多少,预备相应的搬运力量。

②核证:要认真审核发料地点、品种、规格、质量及数量,并对审核人、领料人的签章及有关规定的审批程序进行具体审核无误后,才能发料。而对外调材料,必须先办理财务手续,财务收款盖章后才能发料。

③备料:按凭证所列品种、规格、质量和数量进行备料,除指明批号外都应按"先进先出"的原则发放。

④复核：为防止误差，事后必须复查，然后再下账、改卡。

⑤点交：不管是内部领料还是外部提料，都要当面一次点交清晰，以便划清责任。

⑥最后填写材料出库凭证。

学习情境四

材料储备核算与控制

任务一　材料储备量的核算

一、任务描述

作为物资部人员针对项目第一季度材料储备工作进行考核。

二、学习目标

1. 能计算出适合企业的材料储备定额；
2. 能对材料储备工作进行核算和评价。

三、任务实施

(一)学习准备

引导问题 1： 建筑施工企业为什么要建立适当的材料储备？影响材料储备的因素有哪些？

_____

_____

_____

引导问题 2： 什么叫材料储备定额？主要包括几类？各有什么作用？

_____

_____

_____

_____

(二)实施任务

【案例 1】

某企业上年度完成建筑安装工作量 4690 万元，消耗水泥 8677t。预计新的年度里该企业将完成建筑安装工作量 4960 万元。按照平均供应间隔期为 10 天，保险储备天数为 3 天计算，该企业完成新一年度生产任务所需水泥的最高和最低储备定额是多少?

_____

_____

_____

【案例 2】

某施工企业全年需用某种材料 2450t,该材料上年度到货入库情况统计如下表 4-1 所示。

表 4-1 上年度材料到货入库情况

入库日期	1 月 11 日	2 月 28 日	4 月 20 日	5 月 28 日	7 月 6 日	9 月 2 日	10 月 30 日	12 月 25 日
入库量	210	420	380	405	290	312	195	270
供应间隔(天)	48	51	38	40	58	58	57	—

引导问题 1:计算该企业这种材料的平均每日需用量。

_____

_____

引导问题 2:计算该企业这种材料的平均供应间隔天数和平均间隔天数。

_____

_____

_____

引导问题 3:计算该企业这种材料的经常储备量、保险储备量、最高和最低储备量。

_____

_____

_____

【案例 3】

某项目上半年完成施工产值 500 万元,材料费用 300 万元,材料平均库存 50 万元,核定周转天数为 50 天。

引导问题:要求计算该企业实际周转次数、周转天数、百元产值占用材料储备资金额及节约资金情况。

_____

_____

_____

四、任务评价

1.填写任务评价表

考核项目		分数			学生自评	小组互评	教师评价	小计
		差	中	好				
自学能力		8	10	13				
是否积极参与活动		8	10	13				
言谈举止	工作过程安排是否合理规范	8	16	26				
	陈述是否完整、清晰	7	10	12				
	是否正确灵活运用已学知识	7	10	12				
是否具备团队合作精神		7	10	12				
成果展示		7	10	12				
总计		52	76	100				
教师签字:			年 月 日				得分	

表头标题：任务评价表

2.自我评价

(1)完成此次任务过程中存在哪些问题?

_____

_____

(2)产生问题的原因是什么?

_____

_____

(3)请提出相应的解决问题的方法。

_____

_____

(4)还需要加强哪些方面的指导(实际工作过程及理论知识)?

_____

_____

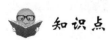 **知识点**

材料储备的核算

建筑业的材料储备,属于生产储备,生产储备的基本目标就是保证生产的顺利进行。因此按照对生产需用保证阶段不同,材料储备定额包括经常储备定额、保险储备定额和季节储备定额。学习制定材料储备定额,有利于了解材料的采购供应工作对储备和生产的影响程度,有利于改进材料管理方法。

一、材料储备定额的制定

1.经常储备定额的制定

经常储备定额,是在正常情况下,为保证两次进货间隔期内材料需用而确定的材料储备数量标准。经常储备数量随着进料、生产、使用而呈周期性变化。每次进料时,经常储备量上升,达到经常储备量的最大值;此后随着材料的不断消耗而逐渐减少,到下次进料前,经常储备量为最小值。经常储备量就是这样由其最大值到最小值呈周期性变化,所以也称为周转储备。

在经常储备中,两次进料的间隔时间叫做供应间隔期,以"天"计算;每次进料的数量叫进货批量,其确定方法,一般有供应期法和经济批量法两种。

(1)供应期法。

由于经常储备定额是考虑两批材料供应间隔期内的材料正常消耗需用,所以经常储备定额应等于供应间隔天数与平均每日材料需用量的乘积。其计算公式为:

$$经常储备定额＝平均每日材料需用量×供应间隔期$$

式中,
$$平均每日材料需用量＝\frac{计划期材料需用量}{计划期天数}$$

例:某企业某种材料全年需要1800t,供应间隔期为一个月,则经常储备定额为:

经常储备定额＝1800÷360×30＝150(t)

上述计算公式中,供应间隔期反映了材料进货的间隔时间。材料到货验收入库后,还要经过库内堆码、储备、发放以及投入使用前的准备过程。这些工作要占用一定的时间,这是决定进货时间必须要考虑的重要因素。但是就两次相同作业的间隔时间来说,如果验收天数、加工准备天数都是相同的,再按进货间隔期相继进货情况下,上述作业时间不影响供应间隔期长短。因此,不必在供应间隔期之外再考虑,以免重复计算,增加储备量。

供应间隔期有多种确定方法,它们各有不同的使用条件。

对于资源比较充足、需用单位能够预先规定进货日期的材料,可以按需用企业的送料周期确定供应期。企业材料部门根据生产用材料特点、投料周期和本身的备料、送料能力,预先安排供应速度,规定供应周期。例如按照生产速度每10天送料一次,则在送料前有足够用于10天的材料,待发料后再采购下一个送料周期需用的材料。因此送料周期可以作为确定供应期的依据。

按供货企业或部门的供货周期确定供应期。不少供货企业规定了材料供货周期,如按月供货或按季度供货,在合同中没有分期(按旬、周)交货的条款。如果供货周期天数大于需用单位送料周期天数,就必须按照供货企业的供货周期提前一个周期备料,才能保证企业内部供料不至中断。在实际材料供应中,供应间隔期是不均等的。因此在测算材料储备定额时,必须以平均供应间隔期来测定。

计算平均供应间隔期时,用简单算术平均数计算时误差较大,一般应采用加权平均计算方法计算,其计算公式为:

$$平均供应间隔期＝\frac{各批(供应间隔×入库量)之和}{各批入库量之和}$$

例:某项目安装工程从1月23日开工到10月20日完成,共计工期270天,消耗5mm钢板95t,5mm钢板实际到货记录如表4-2所示。

表 4 - 2　5mm 钢板到货记录

入库 日期	1月 23日	2月 11日	3月 13日	4月 19日	5月 24日	6月 12日	7月 16日	8月 12日	9月 12日	10月 20日
入库数量(t)	10	15	12	11	10	12	9	10	8	完工剩余2t

求 5mm 钢板的经常储备定额。

解:因为在 270 天中消耗 5mm 钢板 95t

所以平均每日材料需用量 = 95÷270 = 0.35(t/天)

确定各批供应间隔见表 4 - 3。

表 4 - 3　5mm 钢板供应间隔

入库 日期	1月 23日	2月 11日	3月 13日	4月 19日	5月 24日	6月 12日	7月 16日	8月 12日	9月 12日	10月 20日余	合计
入库数量(t)	10	15	12	11	10	12	9	10	8	完工剩余2t	97
供应间隔(天)		19	30	37	35	19	34	27	31	38	
供应加权数		190	450	444	385	190	408	243	310	304	2924

平均供应间隔期 = 2924÷97 = 30(天)

经常储备定额 = 平均每日材料需用量×平均供应间隔期 = 0.35×30 = 10.5(t)

按照这种方法计算的供应间隔期,均为按历史资料或统计资料计算的。在制定新的一个计划期的储备定额时应根据供应条件的变化进行调整。如对定点供应者,可按合同的间隔期进行调整;对供应地点发生变化的,可按距离延长或缩短供应间隔。

(2)经济批量法。

按照经济采购批量确定经常储备定额,可获得综合成本最低的经济批量,其计算方法见学习情境二"材料采购成本控制"中有关内容。

以经济采购批量作为某种材料的经常储备定额时,是当一个经济批量的经常储备定额耗尽时,再进货补充一个经济批量的材料。由于材料需用不是绝对均衡的,消耗一个经济批量材料的时间不是固定的,因而也没有固定的进货间隔期。

2.保险储备定额的制定

保险储备定额,是在供应过程中出现非正常情况,致使经常储备数量耗尽,为防止生产停工待料而建立的储备材料的数量标准。

当材料消耗速度即平均每日需用量增大时,在进货点到来之前,经常储备已经耗尽,为保证施工生产顺利进行,就要动用保险储备,以免停工待料。

由于材料采购、运输、加工、供应中任何一个环节的因素造成已到进货时点而没有进货或延期进货情况下,为保证生产也需要动用保险储备。

保险储备定额与经常储备定额不同,它没有周期性变化规律。正常情况下这部分材料储备量保持不变,只有发生了非常情况,如采购误期、运输延误、材料消耗量突然变大等,造成经常储备中断时,才会动用保险储备数量。一旦动用了保险储备,待下次进料时必须予以补充,否则将影响到以后周期的材料需用。保险储备定额的计算公式为:

$$保险储备定额 = 平均每日材料需用量 \times 保险储备天数$$

式中,平均每日材料需用量与经常储备定额中提到的平均每日材料需用量一样,是用计划期内材料需用量与计划期天数相除,得到的平均每天材料用量。

由于材料供应中非正常情况是多方面因素引起的,事先很难确切估计,所以要准确地确定保险储备定额往往比较困难。一般是通过分析需用量变化比例、平均误期天数和临时订购天数等方法,来确定保险储备天数。

(1)按临时需用的变化比例确定保险储备天数。

这个方法主要是从企业内部因素考虑的。由于施工任务调整或其他因素变化,造成材料消耗速度超过正常材料消耗速度。按照正常情况下的材料消耗速度设计的材料储备量,满足不了这种临时追加需用量。临时追加需用量是在材料经常储备定额中没有考虑的,但可以通过对供应期的供应记录和其他统计资料分析出来。

根据统计资料和施工任务变更资料,测算保险储备天数。其计算公式为:

$$保险储备天数 = \frac{供应期临时追加需用量}{经常储备定额} \times 供应间隔期$$

对于外部到货规律性强、误期到货少而内部需要不够均衡、临时需要多的材料,适宜采用这个方法。

例:某种材料的供应间隔期为 3 个月,从历年供料和消耗资料分析得到 3 季度该种材料消耗追加数量为 3.4t,1.6t,5.2t,4.6t,该材料经常储备定额为 30t,求保险储备天数。

平时追加需用量 = (3.4 + 1.6 + 5.2 + 4.6) ÷ 4 = 3.7(t)

保险储备天数 = 3.7 ÷ 30 × 90 = 11(天)

(2)按平均误期天数确定保险储备天数。

这种方法是从企业外部因素考虑的。未能在规定的供应期内到货,即视为到货误期,超过供应期的天数称为误期天数。如按约定应该 15 日进货而实际到货日期为 18 日,则误期天数为 3 天。当到货误期时,由于经常储备已经用完,就会出现停工待料。因此,必须有相应的保险储备,以解决误期间的材料需用。每次发生误期到货的天数有多少,一般是根据过去的到货记录,测算出平均误期天数,以此来确定保险储备定额。

$$平均误期天数 = \frac{各批(误期天数 \times 该批入库量)之和}{各批误期入库量之和}$$

当材料来源比较单一,到货数量比较稳定时,也可以使用简单算术平均数计算,即:

$$平均误期天数 = \frac{每次到货误期天数之和}{误期次数}$$

例:某企业全年消耗某种材料 2100t,从统计资料得知,该种材料到货入库情况如表 4 - 4 所示。

表 4-4 某材料到货入库情况

入库日期	1月11日	2月28日	4月20日	5月28日	7月6日	9月2日	10月30日	12月25日
入库量（t）	210	420	380	405	290	312	195	270

求该种材料应设多大的经常储备定额和保险储备定额。

解： 因为全年消耗 2100t

所以平均每日材料需用量＝2100÷360＝5.8(t/天)

其平均供应间隔期如表 4-5 所示。

表 4-5 某材料平均供应间隔期

入库日期	1月11日	2月28日	4月20日	5月28日	7月6日	9月2日	10月30日	12月25日	合计
入库量	210	420	380	405	290	312	195	270	2212
供应间隔（天）	48	51	38	40	58	58	57	—	
供应加权数	10080	21420	14440	16200	16820	18096	11115		108171

表 4-5 可得：平均供应间隔期＝108171÷2212＝49(天)

经常储备定额＝平均每日材料供应量×平均供应间隔期＝5.8×49＝284.2(t)

根据平均供应间隔期为 49 天判断，凡供应间隔期超过 49 天者，均视为误期，超过几天，误期几天，如表 4-6 所示。

表 4-6 误期天数

入库日期	1月11日	2月28日	4月20日	5月28日	7月6日	9月2日	10月30日	12月25日	误期合计
入库数量(t)	210	420	380	405	290	312	195	270	1217
供应间隔（天）	48	51	38	40	58	58	57		
误期（天）		2			9	9	8		
误期加权数		820			2610	2808	1560		7798

则平均误期天数 $=\dfrac{各批(误期天数×该批入库量)之和}{各批误期入库量之和}=7798÷1217＝6.4(天)$

保险储备定额＝平均每日材料供应量×平均误期天数＝5.8×6.4＝37.12(t)

在上例中，计算出平均误期天数为 6.4 天。由于该数是一个平均值，当实际误期天数大于这个平均值时，保险储备定额就不够用，仍有保证不了供应的可能性。要提高保证供应程度，就要加大保险储备天数。在上例中最大的误期天数是 9 天，如果保险储备天数规定为 9 天时，就能完全保证供应了，但这样就加大储存量，多占用资金。因此要对各项误期到货作具体分析并考虑计划期内的可能变化来确定合理的保险储备天数。

对于消耗规律性较强，临时需要多而到货时间变化大，误期到货多的材料，采用平均误期天数确定保险储备天数是比较合适的。

(3)按临时采购所需天数确定保险储备天数。

临时采购所需天数，包括办理采购手续、供货单位发运、途中运输、接货、验收等所需的天数。以此天数为依据来确定保险储备定额,可以保证材料的连续性供应,在其他条件相同情况下,供应单位越近,临时采购所需天数越少。保险储备天数,应以向距离较近的供货单位采购所需天数为准。

采用这种方法来确定保险储备天数的条件是,所需材料能够随时采购,即资源比较充足的材料较为适用。

无论采取哪种方法,确定的保险储备定额,也不是万无一失的,它只是在一定程度上把材料中断对生产的影响降到最低点。

3. 季节储备定额的制定

季节储备定额是某种材料的资源或需要因为受到季节影响,可能造成供应的中断或季节性消耗,为此建立的材料储备数量标准。

季节储备的特征,是将材料在生产或供应中断前一次和分批购进,以备不能进料期间或季节性消耗期间的材料供应使用。

(1)材料生产、供应季节性的季节储备定额。

由于生产、运输或其他原因,每年有一段时间不能供料,而且带有明显的季节性,如洪水期的河砂、河卵石生产等。在这种情况下,在季节供应中断到来之前,就应储备足够中断期内的全部材料,其季节储备定额为整个季节内的材料需用量。其计算公式为:

$$季节储备定额 = 平均每日材料需用量 \times 季节供应(生产)中断天数$$

(2)由于各时期各季节材料消耗的不均衡带来的季节性用料,一般无需建立季节储备,而是通过调整各周期的进货数量来解决。需要建立季节储备的,一般是为了满足某种特殊用途而且带有明显季节性的用料,如防洪、防寒材料。这部分材料的季节储备定额,要根据其消耗性质、用料特点和进料条件等具体分析确定。其中一些材料,如防洪材料,带有保险储备性质,在汛期开始时,一般要备足全部需用量。其定额是根据历史资料,结合计划期内的具体情况而定。另一种材料,如冬季取暖用煤,当运输条件不受限制时,一般不需要在季节前储备全部需用量,可以在用料季节里连续进料。其季节储备定额,要根据具体进料和用料进度来计算。

4. 最高、最低储备定额

某企业某种材料的最高储备定额,是综合考虑企业生产过程中可能遇到的各种情况,如正常材料供应间隔期内的材料储备,非正常材料消耗速度所造成的追加需用量的设备,季节生产、供应使用材料的储备等而设立的最高储备数量标准。最高储备定额,是保证企业材料合理周转、资金不超占的基本依据,是企业综合控制库存数量的标准,其组成内容包括:

$$最高储备定额 = 经常储备定额 + 保险储备定额 + 季节储备定额$$
$$= 平均每日需用量 \times (平均供应间隔期 + 平均到货误期 + 季节储备天数)$$

最低储备定额,是保证企业生产进行的最低储备数量标准。一旦生产中动用了最低储备量,说明材料储备已发生危机,应立即采取措施。因此,最低储备定额是企业维持正常生产储备量的警戒点。其计算公式为:

$$最低储备定额 = 保险储备定额$$
$$= 平均每日材料需用量 \times 保险储备天数$$

材料储备中的最高储备定额和最低储备定额,并不是固定不变的,一般随季节性和生产任务的变化而变化。在通常情况下,对主要材料的最高储备定额只包括经常储备定额和保险储备定额。其确定方法也因考虑因素不同而分以下两种。

(1)按照材料储备中经常储备定额与保险储备定额的确定方法计算最高储备定额。

例：某企业构件厂全年生产混凝土构件需用水泥14400t，水泥平均供应间隔期为25天，平均误期10天，求该企业水泥储备的最高储备定额和最低储备定额。

解：平均每日材料需用量 $= \dfrac{\text{计划期材料需用量}}{\text{计划期天数}} = 14400 \div 360 = 40 (\text{t/天})$

经常储备定额 = 平均每日材料需用量 × 平均供应间隔期 = 40 × 25 = 1000(t)

保险储备定额 = 平均每日材料需用量 × 平均误期天数 = 40 × 10 = 400(t)

则该企业水泥的最高储备定额为：

最高储备定额 = 经常储备定额 + 保险储备定额 = 1000 + 400 = 1400(t)

最低储备定额 = 保险储备定额 = 400(t)

(2)根据统计资料来确定最高、最低储备定额。

根据企业的生产规模，收集1~3年历史资料，主要是年度完成的工作量、建筑面积、材料消耗量，并对此进行分析。结合计划期的情况，测定企业年度储备标准。

例：某企业2015年完成砖混结构住宅36000m²，消耗钢材1440t。预计2016年将完成同类结构住宅47800m²，钢材平均供应间隔期31天，平均到货误期7天，求该企业为完成上述任务所需钢材的最高和最低储备定额。

解：①根据2015年统计资料得到：

钢材消耗量/平方米面积 = 1440 ÷ 36000 = 0.04(t/m²)

②测算2016年所需钢材数量：

钢材需用量 = 估算指标 × 预计完成建筑面积 = 0.04 × 47800 = 1912(t)

平均每日钢材需用量 = 钢材总需用量/使用天数 = 1912 ÷ 360 = 5.31(t/天)

③计算最高、最低储备定额。

最高储备定额 = 平均每日材料需用量 × (平均供应间隔期 + 保险储备天数)
$$= 5.31 \times (31 + 7) = 201.78(\text{t})$$

最低储备定额 = 平均每日材料需用量 × 保险储备天数 = 5.31 × 7 = 37.17(t)

则该企业为完成2016年47800m²砖混结构住宅，所需钢材的最高储备定额是201.78t，最低储备定额是37.17t。

5.材料类别储备定额的制定

材料类别储备定额，是对品种规格较多，消耗量较小，而材料实物量计量单位不统一的某类材料确定的储备材料数量标准。由于规格品种多且计量单位不同，因此类别储备定额多以资金形式计量，也叫储备资金定额。施工企业中的机械配件、小五金、化工材料、工具用具及辅助材料等，多以资金储备定额形式设立储备定额。使用储备资金定额，可以减轻材料储备定额确定的工作量，有利于在抓住重点材料管理的同时，带动一般材料的管理，也可以有效地控制储备资金的占用。其计算步骤是：

(1)计算某类材料上期实际储备天数。这既是对上期的检验，也为本期核定储备天数提供资料，计算公式为：

某类材料实际储备天数 = (平均库存金额 × 报告期日历天数) ÷ 某种材料报告期耗用总金额

(2)计算某类材料储备资金定额，计算公式为：

某种材料储备资金定额＝平均每日材料消耗金额×核定储备天数

式中：平均每日材料消耗金额，是指在计划期内每日消耗的材料，以价值形态表示的数量。其计算公式为：

$$平均每日材料消耗金额＝\frac{计划期材料消耗金额}{计划期天数}$$

核定储备天数，一般根据历史资料中该种材料需用情况、采购供货周期及资金占用情况分析确定。由于使用储备资金定额的材料，多属辅助材料或施工配合性材料，所以经常是根据统计资料及经验人为确定。

例： 某单位上年度库存汽车配件的平均库存金额为 97000 元，全年耗用汽车配件价值 174600 元，求上年汽车配件实际储备天数是多少？若核定的储备天数为 90 天，求汽车配件的储备资金定额。

解： 汽车配件实际储备天数＝97000×360÷174600＝200（天）

上年度平均每日消耗配件金额＝174600÷360＝485（元/天）

若本年度没有特殊变化，则：

汽车配件储备资金定额＝485×90＝43650（元）

其具体储备的品种规格，可根据实际耗用配件中各品种所占的比例来确定，其总占用资金应控制在此储备资金定额范围之内。

二、材料储备量的核算

为了防止材料的积压和储备不足，保证生产的需要，加速资金的周转，企业必须经常检查材料储备定额的执行情况，分析是否超储或不足。

材料储备定额的执行情况，是将实际储备材料数量（金额）与储备定额数量（金额）相对比。当实际储备数量超过最高储备定额时，说明材料有超储积压；当实际储备数量低于最低储备定额时，说明企业材料储备不足，需要动用保险储备。

材料储备的周转状况，通常是企业材料储备管理水平的标志。反映储备周转的指标可分为两大类。

1.储备实物量的核算

实物量储备的核算是对实物周转速度的核算。核算材料对生产的保证天数及在规定期限内的周转次数和周转一次所需天数。其计算公式为：

材料储备对生产的保证天数＝某种材料期末库存量÷该种材料平均每日消耗量

材料周转次数＝某种材料年度消耗量÷该材料平均库存量

材料周转天数＝某种材料平均库存量÷该种材料年度消耗量×360（天）

例： 某建筑企业核定沙子的最高储备天数为 5.5 天，某年度 1—12 月耗用沙子 149328t，其平均库存量为 3360t，期末库存为 4100t。计算其实际储备天数对生产的保证程度及超储或储备不足情况。

实际储备天数＝沙子平均库存量×报告期日历天数÷沙子年度消耗量

＝3360×360÷149328＝8.1（天）

对生产的保证天数＝沙子期末库存量÷沙子平均每日消耗量

＝4100÷（149328÷360）＝9.88（天）

其超储天数＝报告期实际天数－最高储备天数＝8.1－5.5＝2.6（天）

超储数量＝超储天数×平均每日消耗量＝2.6×（149328÷360）＝1078.48（t）

2.储备价值量的核算

价值形态的检查考核，是把实物数量乘以材料单价用货币作为单位进行综合计算，其好处是能将不同质量、不同价格的各类材料进行最大限度的综合。它的计算方法除上述的有关周转速度方面（周转次、周转天）均为适用外，还可以从百元产值占用材料储备资金情况及节约使用材料资金方面进行计算考核。其计算公式为：

百元产值占用材料储备资金＝定额流动资金中材料储备资金平均数÷年度建筑安装工作×100

流动资金中材料资金节约额＝（计划周转天数－实际周转天数）×（年度材料消耗额÷360）

例：某施工企业全年完成建筑安装工作量1168.8万元，年度耗用材料总量为888.29万元，其平均库存为151.78万元，核定周转天数为70天。现要求计算该企业的实际周转次数、周转天数、百元产值占用材料储备资金及节约材料资金情况。

周转次数＝888.29÷151.78＝5.85（次）

周转天数＝151.78×360÷888.29＝61.51（天）

百元产值占用材料储备资金＝151.78÷1168.8×100＝12.99（元）

流动资金节约额＝（70－61.51）×（888.29÷360）＝20.95（万元）

任务二 材料储备管理

一、任务描述

作为物资部人员针对项目第一季度材料储备考核的结果提出改善材料储备的方法。

二、学习目标

1.能根据材料消耗情况调整材料储备；
2.能针对材料储备的考核结果提出改善储备工作的建议。

三、任务实施

（一）学习准备

引导问题1：储备量控制方法有哪几种？当材料消耗速度突然增大时对库存可能产生什么影响？应如何控制？

_____

_____

_____

_____

引导问题2：考核储备业务的主要指标有什么？

_____

_____

_____

_____

（二）实施任务

【案例1】

某建设工程需用材料及相应的资金如下：水泥需用资金 274428 元，钢材需用资金 332640 元，砖需用资金 92664 元，黄砂需用资金 74844 元，石子需用资金 79715 元，木材需用资金 26294 元，其他材料（品种占总数的 70% 以上）需用资金 99000 元。

引导问题1：试应用 ABC 分类法对需用材料进行分类。

_____

_____

_____

引导问题2：对各类材料确定相应的管理策略。

_____

_____

_____

【案例2】

某施工单位按照经常储备定额、保险储备定额和季节储备定额储备工程用料，实践中经常发生供应不及时造成停工待料，有时又会超储积压，造成不必要的损失。该企业材料管理人员，通过业务学习，明确了储备量还应根据变化因素进行调整，此后他们改善了材料储备管理。

引导问题1：简述实际库存情况变动规律。

_____

_____

_____

引导问题2：库存量的控制方法有哪几种？各种方法的适用范围是什么？

_____

_____

_____

【多项选择题】

材料储备是企业材料储备管理水平的标志，反映材料储备周转的指标有（　　　）。

　A.储备实物量　　B.储备价值量　　C.储备品种量　　D.储备库存量　　E.储备结构

四、任务评价

1.填写任务评价表

<table>
<tr><td colspan="10" align="center">任务评价表</td></tr>
<tr><td rowspan="2" align="center">考核项目</td><td colspan="3" align="center">分数</td><td rowspan="2" align="center">学生自评</td><td rowspan="2" align="center">小组互评</td><td rowspan="2" align="center">教师评价</td><td rowspan="2" align="center">小计</td></tr>
<tr><td align="center">差</td><td align="center">中</td><td align="center">好</td></tr>
<tr><td colspan="2" align="center">自学能力</td><td>8</td><td>10</td><td>13</td><td></td><td></td><td></td><td></td></tr>
<tr><td colspan="2" align="center">是否积极参与活动</td><td>8</td><td>10</td><td>13</td><td></td><td></td><td></td><td></td></tr>
<tr><td rowspan="3" align="center">言谈举止</td><td>工作过程安排是否合理规范</td><td>8</td><td>16</td><td>26</td><td></td><td></td><td></td><td></td></tr>
<tr><td>陈述是否完整、清晰</td><td>7</td><td>10</td><td>12</td><td></td><td></td><td></td><td></td></tr>
<tr><td>是否正确灵活运用已学知识</td><td>7</td><td>10</td><td>12</td><td></td><td></td><td></td><td></td></tr>
<tr><td colspan="2" align="center">是否具备团队合作精神</td><td>7</td><td>10</td><td>12</td><td></td><td></td><td></td><td></td></tr>
<tr><td colspan="2" align="center">成果展示</td><td>7</td><td>10</td><td>12</td><td></td><td></td><td></td><td></td></tr>
<tr><td colspan="2" align="center">总计</td><td>52</td><td>76</td><td>100</td><td></td><td></td><td></td><td></td></tr>
<tr><td colspan="6">教师签字：　　　　　　　年　月　日</td><td colspan="3" align="center">得分</td><td></td></tr>
</table>

2.自我评价

(1)完成此次任务过程中存在哪些问题？

_____

_____

(2)产生问题的原因是什么？

_____

_____

(3)请提出相应的解决问题的方法。

_____

_____

(4)还需要加强哪些方面的指导(实际工作过程及理论知识)？

_____

_____

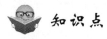 知识点

材料储备管理

上一任务中所讲的材料储备定额,是标准条件下的储备定额,即均衡消耗,供应运输等批量、等间隔,实际上是一种理想状态下的材料储备定额。而施工企业的生产实际上做不到均衡消耗和等间隔、等批量供应。因此,储备量管理还应根据变化因素调整材料储备。

一、储备量管理

1. 实际库存变化情况

(1)在材料消耗速度不均衡情况下。

当材料消耗速度增大时,在材料进货点未到来时,经常储备量已经耗尽,当进货日到来时已动用了保险储备量,如果仍然按照原进货批量进货,将出现材料储备不足。

当材料消耗速度减小时,在材料进货点到来时,经常储备尚有库存量,如果仍然按照原进货批量进货,库存量将超过最高储备定额,造成超储损失。

(2)到货日提前或拖后情况下。

到货拖期,使按原进货点确定的经常储备量耗尽,并动用了保险储备量,如果此时仍然按照原进货批量进货,则会造成储备不足。

提前到货,使原经常储备量尚未耗尽,如果按照原进货批量再进货,会造成超储损失。

2. 储备量控制方法

当出现上述四种情况时,应采取一定的措施予以控制,使储备量处于合理状态。

(1)定量库存控制法。

确定一个库存量水平为订购点,当库存量下降到订购点时立即提出订购,每次订购的数量均为订购点到最高储备量之间的数量。

一般情况下,订购点和库存水平应高于保险储备定额。因为从派人订购之日起,到材料入库之日止的这段时间内,包括采购人员在途天数、订购谈判天数、供货单位备料天数、办理运输手续天数、运输天数、验收天数等,材料仍在继续消耗,这段时间叫备运期。订购点必须设在保险储备定额和备运期间材料消耗量的基础上,才能保证材料的连续供应。

这种方法使订购点和订购批量可以相对稳定,但订购周期却随情况而变化。如消耗速度增大时,订购周期变短;消耗速度减小时,订购周期加大。这种方法的关键内容是确定一个恰当的订购点。

$$订购点＝保险储备定额＋备运时间材料需用量$$

例:某种材料每月需要量是 300t,备运时间 8 天,保险储备量 40t,求订购点。

$$订购点＝300÷30×8＋40＝120(t)$$

采用定量库存控制法来调节实际库存量时,每次固定的订购量,一般为经济订购批量。

定量库存控制法在仓库保管中可采用双堆法,也称分存控制法。它是将订购点的材料数量从库存总量分出来,单独堆放或以明显的标志,当库存量的其余部分用完,只剩下订购点一堆时,应立即提出订购,每次购进固定数量的材料(一般按经济批量订购)。还可将保险储备量再从订购点一堆中分出来,称为三堆法。双堆法或三堆法,可以直观地识别订购点,及时进行订购,简便易行。这种控制方法一般适用于价值较低、用量不大、备运时间较短的一般材料。

(2)定期库存控制法。

采用固定时间检查库存量,并以此库存为订购点,结合下周期材料需用量,确定订购批量。

这种方法是订购周期相对稳定,但每一次的订购点却不一样,因此订购批量也不同。当材料消耗速度增大时,订购点低,订购批量大;材料消耗速度减小时,订购点高,订购批量减小。订购批量的确定方法是:

$$订购批量＝最高储备量－订购点实际库存＋备运时间需用量$$

例:某种材料每月订购一次,平均每日需要量是 6t,保险储备量 40t,备运时间为 7 天,提出订购时实际库存量为 80t,原已订购下月到货的合同有 50t,求该种材料下月的订购量。

解:下月订购量=$(30+7)\times 6+40-80-50=132(t)$

在定期库存控制中,保险储备不仅要满足备运时间内需要量的变动,而且要满足整个订购周期内需要量的变动。因此,对同一种材料来说,定期库存控制法比定量库存控制法要求有更大的保险储备量。

(3)定量控制与定期控制比较。

①定量控制的优缺点。

优点:能经常掌握库存量动态,及时提出订购,不易缺料;保险储备量较少;每次订购量固定,能采用经济订购批量,保管和搬运量稳定;盘点和订购手续简便。

缺点:订购时间不定,难以编制采购计划;未能突出重点材料;不适用需要量变化大的情况,不能及时调整订购批量;不能得到多种材料合并订购的好处。

②定期库存订购法的优缺点。与定量库存控制法正好相反。

③两种库存控制法的适用范围。

定量库存控制法:单价较低的材料;需要量比较稳定的材料;缺料造成损失大的材料。

定期库存控制法:需要量大,必须严格管理的主要材料,有保管期限的材料;需要量变化大而且可以预测的材料;发货频繁、库存动态变化大的材料。

除上述两种控制方法外,企业也可根据材料储备中的最高储备定额和最低储备定额作为控制材料储备的上限和下限;也可用储备资金作为衡量材料储备量的标准。

二、储备资金管理

材料储备实际上是物化资金的储备。储备材料的管理,实际上也是储备资金的管理。储备资金的占用和周转情况,反映了储备材料的流通和运转情况。企业应采取措施,尽可能减少资金占用,加速资金周转,提高企业经济效益。

1. ABC 分类管理法

在施工企业材料管理中,ABC 分类管理法就是根据材料在施工生产中的重要程度和储备金额的大小,将材料划分为 ABC 三类,通过分类,分清了主和次,合理使用了资金,做到核算有基础、采购有目标、库存有条理、储备有重点。

A 类材料,是指品种占总储备品种 10%左右,资金占储备资金 70%左右的材料。由于其资金占用较多,价值量较高,因此在储备管理中应严格控制这部分材料的储备数量,制订详细的进料计划,按品种进行核算,对储备状况经常检查,充分利用现有库存,尽可能降低储备数量,从而较大幅度地降低资金占用。在土建施工企业中,属于 A 类的材料主要有:钢材、水泥、防水材料、砂石、砌块等。

B 类材料,是指品种占总储备品种 20%左右,资金占储备资金 20%左右的材料。由于该类材料资金所占比例比 A 类少,品种所占比例比 A 类多,处于中间状态。对它适宜采取一般管理方法,如按统计数据组织进料,按品种或类别考核储备情况,对储备变化动态可定期检查。在土建施工企业中,涂料、卫生洁具、灯具、墙地砖等均属于 B 类材料。

C 类材料,是指品种占总储备品种 70%左右,资金占储备资金 10%左右的材料。由于其品种多,所占资金少,价值量较低,因此对 C 类材料通常采用较宽松的金额控制方法管理,即只控制储备材料的总金额。按照材料消耗情况和储备周期,核定一个储备资金定额,只要该类材料储备总金额在此定额上下浮动即可,而不必具体计算其品种规格的储备数量。对该类材料可以按需要随时调整进料计划,储备情况可按大类核算,对储备动态可进行一般检查。

2.金额比例法

根据历史统计资料核定材料储备的占用水平,通过定期分析库存资金情况,促进资金占用合理化。

以储备定额为依据确定的储备资金定额,是较为合理的资金占用。将某时期内实际储备占用资金情况与其进行比较,可以反映储备资金占用水平,从而考核储备经济效益。主要考核指标有:

$$储备资金节约(超占)率=(1-实际资金占用金额÷储备资金定额)×100\%$$
$$百元产值占用材料储备资金=定额流动资金中材料储备资金平均数÷年度建安工作量×100$$
$$流动资金周转天数=平均库存金额×报告期天数÷年度材料消耗金额$$
$$流动资金周转次数=年度材料消耗金额÷平均库存金额$$

三、储备业务考核

为了检验储备的经营成果,挖掘潜力,调动一切积极因素,充分利用仓库设备,提高工作效率和劳动生产率,降低材料消耗,必须对储备业务情况进行考核,以发现工作中的问题并及时采取措施解决。同时可以用同一指标与其他企业进行业务比较,从而学到更多、更好的管理办法。一般储备业务考核指标主要有:

1.材料吞吐量

材料吞吐量亦称材料周转量,是计划期内进库、出库材料数量的总和。其公式为:

$$吞吐量=总进库量+总出库量$$

2.材料周转次数

材料周转次数,是计划期内仓库材料的出库量(金额)与同期内材料的平均库存量(金额)之比。其公式为:

$$材料周转次数=计划期材料出库量(金额)÷计划期平均库存量(金额)$$

3.仓库利用率

仓库利用率,指仓库面积利用程度。其公式为:

$$仓库利用率=仓库有效使用面积÷仓库总面积×100\%$$

4.劳动生产率

劳动生产率指标,是反映仓库人员的工作效率的指标,主要有每人平均周转价值和每人平均保管价值。其公式为:

$$人均周转价值=考核期材料吞吐金额(万元)÷考核期平均保管员人数(人)$$
$$人均保管价值=考核期平均库存金额(万元)÷考核期平均保管员人数(人)$$

5.盘点盈亏率

盘点盈亏率指标,反映仓库在保证快进、快出,多储备,保管好的前提下,在一定限度内发生的经营性盈亏。其公式为:

$$盘点盈亏率=考核期内累计盈亏金额÷考核期内材料吞吐金额×100\%$$

6.货损、货差率

货损、货差率指标,反映仓库在材料收、发、存过程中出现的损失和差错比率。其公式为:

$$货损货差率=考核期内材料损失、差错金额÷考核期内材料吞吐金额×100\%$$

学习情境五

消耗量核算与控制

任务一　材料消耗量的核算

一、任务描述

物资部内业工作中,每月要进行供料用料结算,并对施工队材料消耗情况进行核算。

二、学习目标

1. 能对供应商供料数量进行核算;
2. 能对施工队用料数量进行核算。

三、任务实施

(一)学习准备

引导问题:及时核算材料消耗量,找出超耗原因,有利于降低材料成本。具体核算类型有以下四种:一是核算某项工程某种材料的定额与实际消耗情况;二是核算多项工程某种材料消耗情况;三是核算一项工程使用多种材料的消耗情况,即分工号核算;四是核算多项分项工程使用多种材料的消耗情况。具体如何操作?

_____

_____

_____

_____

(二)实施任务

【案例 1】

某工程的砖基础、砖外墙、暖气沟墙耗用砖的资料如表 5-1 所示,试检查砖的消耗情况。

表 5-1 某工程耗用砖资料

分项工程名称	完成工程量(m³)	定额单耗(块/m³)	实耗量
砖基础	250	508	123000
外墙	900	523	462600
暖气沟墙	350	539	190400

引导问题 1:计算砖的节超情况。分别计算各分项工程砖的节超情况。

_____

_____

_____

引导问题 2:将表 5-2 空白处补充完整。

表 5-2 某工程砖耗用砖核算表

分项工程名称	完成工程量(m³)	定额单耗(块/m³)	限额用量(块)	实耗量(块)	节约、超支量(块)	节约、超支率(%)
砖基础	250	508		123000		
外墙	900	523		462600		
暖气沟墙	350	539		190400		

【案例 2】

根据"综合实训项目"附表中某工地搅拌站建设过程中 7 月份材料收支记录,汇总各施工队伍材料用量,对施工队伍进行扣款结算。

引导问题 1:核算搅拌站材料仓库(负责人:孙万)的用料记录,将表 5-3 空白处补充完整。

表 5-3 搅拌站材料仓库用料核算

材料名称规格	定额单耗(块/m²)	限额用量(块)	实耗量(块)	节约、超支量(块)	节约、超支率(%)
矿渣					
石粉					
0.5~1cm 石子					
1~2cm 石子					
2~4cm 石子					
粗砂					
细砂					
砖					
P42.5 水泥					
PC32.5 水泥					

引导问题2：核算搅拌站基础修建（负责人：刘天）的用料记录，将表5-4空白处补充完整。

表5-4 搅拌站基础修建用料核算

材料名称规格	定额单耗（块/m³）	限额用量（块）	实耗量（块）	节约、超支量（块）	节约、超支率（%）
矿渣					
石粉					
0.5~1cm 石子					
1~2cm 石子					
2~4cm 石子					
粗砂					
细砂					
砖					
P42.5 水泥					
PC32.5 水泥					

引导问题3：核算搅拌站活动板房基础修建（负责人：雷刚）的用料记录，将表5-5空白处补充完整。

表5-5 搅拌站活动板房基础修建用料核算

材料名称规格	定额单耗（块/m³）	限额用量（块）	实耗量（块）	节约、超支量（块）	节约、超支率（%）
矿渣					
石粉					
0.5~1cm 石子					
1~2cm 石子					
2~4cm 石子					
粗砂					
细砂					
砖					
P42.5 水泥					
PC32.5 水泥					

引导问题4：核算一号便道修建的用料记录，将表5-6空白处补充完整。

表 5 - 6 一号便道修建用料核算

材料名称规格	定额单耗（块/m³）	限额用量（块）	实耗量（块）	节约、超支量（块）	节约、超支率（%）
矿渣					
石粉					
0.5～1cm 石子					
1～2cm 石子					
2～4cm 石子					
粗砂					
细砂					
砖					
P42.5 水泥					
PC32.5 水泥					

引导问题 5：核算二号便道修建的用料记录，将表 5 - 7 空白处补充完整。

表 5 - 7 二号便道修建用料核算

材料名称规格	定额单耗（块/m³）	限额用量（块）	实耗量（块）	节约、超支量（块）	节约、超支率（%）
矿渣					
石粉					
0.5～1cm 石子					
1～2cm 石子					
2～4cm 石子					
粗砂					
细砂					
砖					
P42.5 水泥					
PC32.5 水泥					

引导问题 6：核算整个搅拌站建设过程的用料记录，将表 5 - 8 空白处补充完整。

表 5 - 8 搅拌站建设用料核算

材料名称规格	定额单耗（块/m³）	限额用量（块）	实耗量（块）	节约、超支量（块）	节约、超支率（%）
矿渣					
石粉					
0.5～1cm 石子					
1～2cm 石子					
2～4cm 石子					
粗砂					

续表 5-8

材料名称规格	定额单耗(块/m³)	限额用量(块)	实耗量(块)	节约、超支量(块)	节约、超支率(%)
细砂					
砖					
P42.5 水泥					
PC32.5 水泥					

四、任务评价

1. 填写任务评价表

<table>
<tr><td colspan="10" align="center">任务评价表</td></tr>
<tr><td rowspan="2">考核项目</td><td colspan="3" align="center">分数</td><td rowspan="2">学生自评</td><td rowspan="2">小组互评</td><td rowspan="2">教师评价</td><td rowspan="2">小计</td></tr>
<tr><td>差</td><td>中</td><td>好</td></tr>
<tr><td colspan="2">自学能力</td><td>8</td><td>10</td><td>13</td><td></td><td></td><td></td><td></td></tr>
<tr><td colspan="2">是否积极参与活动</td><td>8</td><td>10</td><td>13</td><td></td><td></td><td></td><td></td></tr>
<tr><td rowspan="3">言谈举止</td><td>工作过程安排是否合理规范</td><td>8</td><td>16</td><td>26</td><td></td><td></td><td></td><td></td></tr>
<tr><td>陈述是否完整、清晰</td><td>7</td><td>10</td><td>12</td><td></td><td></td><td></td><td></td></tr>
<tr><td>是否正确灵活运用已学知识</td><td>7</td><td>10</td><td>12</td><td></td><td></td><td></td><td></td></tr>
<tr><td colspan="2">是否具备团队合作精神</td><td>7</td><td>10</td><td>12</td><td></td><td></td><td></td><td></td></tr>
<tr><td colspan="2">成果展示</td><td>7</td><td>10</td><td>12</td><td></td><td></td><td></td><td></td></tr>
<tr><td colspan="2">总计</td><td>52</td><td>76</td><td>100</td><td></td><td></td><td></td><td></td></tr>
<tr><td colspan="6">教师签字：　　　　　　　　　　年　　月　　日</td><td colspan="3">得分</td><td></td></tr>
</table>

2. 自我评价

(1)完成此次任务过程中存在哪些问题？

_____

_____

(2)产生问题的原因是什么？

_____

_____

(3)请提出相应的解决问题的方法。

_____

_____

(4)还需要加强哪些方面的指导(实际工作过程及理论知识)？

_____

_____

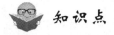

材料消耗量的核算

工程材料消耗的核算

现场材料使用过程的管理,主要是按单位工程定额供应和班组耗用材料的限额领料进行管理。前者是按概(预)算定额对在建工程实行定额供应材料;后者是在分部分项工程中以施工定额对施工队伍限额领料。让施工队伍限额领料是材料管理工作的落脚点,是工程材料核算、考核企业经营成果的依据。

实行限额领料有利于加强企业材料管理,提高企业管理水平;有利于合理地有计划地使用材料;有利于调动操作人员的积极性。实行限额领料,就是要使生产部门养成"先算后用"和"边用边算"的习惯,克服"先用后算"或者是"只用不算"的粗放管理行为。

检查材料消耗情况,主要是用材料的实际消耗量与定额消耗量进行对比,反映材料节约或浪费情况。根据考核目的不同,主要的考核方法如下:

1. 核算某项工程某种材料的定额与实际消耗情况

计算公式如下:

某种材料节约(超耗)量=该项材料定额耗用量-某种材料实际耗用量

某种材料节约(超耗)率=(某种材料节约(超耗)量-该项材料定额耗用量)×100%

例: 某工程浇捣墙基 C20 混凝土,每立方米定额用水泥 32.5 级 245kg,共浇捣 23.6m³,实际用水泥 5204kg,则:

水泥节约量=245×23.6-5204=578kg

水泥节约率=578÷(245×23.6)×100%=10%

2. 核算多项工程某种材料的消耗情况

其节约或超支的计算公式同上,但某种材料的计划耗用量,即定额要求完成建筑安装工程所需消耗的材料数量的计算公式为:

某种材料定额耗用量 $= \sum$(材料消耗定额×实际完成的工程量)

例: 某工程浇捣混凝土和砌墙工程均需使用黄砂,工程资料如表 5-9 所示。

表 5-9　某工程的工程资料

分部分项工程名称	完成工程量(m³)	定额单耗(kg/m³)	限额用量(t)	实际用量(t)	节约量(+)超支量(-)(t)	节约率(+)超支率(-)(%)
M5 砂浆砌砖半外墙	65.4	325	21.255	20.520	0.735	3.46
现浇 C20 混凝土圈梁	2.45	656	1.607	1.702	-0.0948	-5.91
合计			22.862	22.222	0.64	2.80

根据表 5-9 可以看出,两项工程合计节约中砂 0.64t,其节约率为 2.8%。

如果作进一步分析检查,则砌墙工程节约中砂 3.46%,共 0.735t;混凝土工程超耗中砂 5.91%,计 0.0948t。

3. 核算一项工程使用多种材料的消耗情况

建筑材料有时由于使用价值不同、计量单位各异,不能直接相加进行考核。因此需要利用材料价格作为同度量因素,用消耗量乘以材料价格,然后加总对比。公式如下:

$$材料节约或超支额 = \sum 材料价格 \times (材料实耗量 - 材料定额消耗量)$$

例:华夏建筑工程公司以 M5 混合砂浆砌筑一砖外墙工程共 100m³,定额及实际耗料核算检查情况见表 5-10。

表 5-10　材料消耗分析表

| 材料名称规格 | 计量单位 | 消耗数量 | | 材料计划价格(元) | 消耗金额(元) | | 节约额(+)超支额(-)(元) | 节约率(+)超支率(-)(%) |
		应耗	实耗		应耗	实耗		
P.O32.5 水泥	kg	4746	4350	0.293	1390.58	1274.55	116.03	8.34
中砂	kg	33130	36000	0.028	927.64	1008	-80.36	-8.66
石灰膏	kg	3386	4036	0.101	341.99	407.64	-65.65	-19.20
标砖	块	53600	53000	0.222	11899.2	11766	133.2	1.12
合计					14559.41	14456.19	103.22	0.71

4. 核算多项分项工程使用多种材料的消耗情况

这类考核检查适用于以单位工程为对象的材料消耗情况,它既可了解分部分项工程以及各项材料的定额执行情况,又可综合分析全部工程项目耗用材料的效益情况,见表 5-11。

表 5-11　材料消耗分析表

| 工程名称 | 工程量 | | 材料 | | 材料单耗 | | 材料价格(元) | 材料费用(元) | |
	单位	数量	名称	单位	实际	定额		按实际计	按定额计
C10 基础加固混凝土	m³	18.1	P.O42.5 水泥	kg	187	194	0.293	991.72	1028.84
			中砂	m³	5.78	5.81	28.00	161.84	162.68
			5~40mm 碎石	m³	10.34	10.50	21.60	223.34	226.80
			大石块	m³	4.73	4.50	24.00	113.52	108.00
C20 基础钢筋混凝土	m³	36.42	P.O42.5 水泥	kg	246	254	0.293	2625.08	2710.45
			中砂	m³	28.30	29.50	28.00	792.40	826.00
			5~40mm 碎石	m³	7.90	8.10	21.60	170.64	174.96
合计								5078.54	5237.73

阅读材料

材料耗用过程的管理,就是对材料在施工生产消耗过程中进行组织、指挥、监督、调节和核算,借以消除不合理的消耗,以达到物尽其用、降低材料成本、增加企业经济效益的目的。

在建筑安装工程中,材料费用占工程造价比重很大。建筑企业的利润,大部分来自材料采购成本的节约和降低材料的消耗,尤其是来自降低现场材料的消耗。因此,材料员应做好如下工作:

(1)搞好"两算"对比:施工预算是建筑企业根据施工图、施工方案、技术节约措施、配合比及施工定额计算出产品生产的工料计划,是企业对施工班组实行内部核算、定额管理包干使用的准则,也是企业内部核算成本费用支出的依据。通常所说的"两算对比",就是将施工前施工图预算的工料费用中主要材料实物量的预算收入数,用来与施工预算的工料费用、主要材料实物量的预计支出数进行对比。目的在于:先算后干,做到心中有数;核对施工预算有无错误;对施工预算中超过施工图预算的项目,要及时查找原因,尽快采取措施。由于施工预算编制较细,又有比较切实合理的施工方案和技术节约措施,一般应低于施工图预算。

(2)抓好"三基"是实施两算的基础:一是基层组织建设,要害在于施工班组的建设。班组是企业的基层生产组织,也是企业管理的主要对象。企业的计划与技术经济指标都要依赖生产班组来完成。因此,选配好班组领导和技术业务骨干,是完成任务的保证。二是基础管理工作,主要是建立健全企业的各项管理制度,如标准计量、质量管理,材料的验收、保管、发放、退料、回收等岗位责任制度健全的原始记录,这可为划清责任、考核经济效果、实行奖惩奠定基础。三是按专业不同,做好各专业人员包括班组的各专业人员进行材料管理知识和基本业务培训,使他们明确任务和职责范围,懂得材料管理的基本知识和基本方法。

任务二　材料消耗量的控制

一、任务描述

限额供料是有效控制材料消耗量的手段,掌握限额供料数量计算及发放程序。

二、学习目标

1. 能计算限额供料量;
2. 熟悉限额供料操作步骤。

三、任务实施

引导问题 1:材料消耗量控制主要是在材料供应阶段,主要有限额供应方式和敞开供应方式,哪种方法能够有效控制消耗量? 回顾每种方法的适用范围及特点。

_____

_____

_____

_____

引导问题2:限额领料发放时可根据工程大小、管理水平等因素分为按分项工程限额发料、按工程部位限额发料、按单位工程限额发料,分析每种发放形式的优缺点。

_____

_____

_____

引导问题3:施工中经常出现的技术节约措施是指什么情况?举例说明。

_____

_____

_____

引导问题4:限额领料数量的确定依据及计算公式。

_____

_____

_____

引导问题5:限额领料是最有效的控制材料消耗量的方法,其操作步骤有哪些?

_____

_____

_____

四、任务评价

1. 填写任务评价表

<table>
<tr><th colspan="10">任务评价表</th></tr>
<tr><th rowspan="2" colspan="2">考核项目</th><th colspan="3">分数</th><th rowspan="2">学生自评</th><th rowspan="2">小组互评</th><th rowspan="2">教师评价</th><th rowspan="2">小计</th></tr>
<tr><th>差</th><th>中</th><th>好</th></tr>
<tr><td colspan="2">自学能力</td><td>8</td><td>10</td><td>13</td><td></td><td></td><td></td><td></td></tr>
<tr><td colspan="2">是否积极参与活动</td><td>8</td><td>10</td><td>13</td><td></td><td></td><td></td><td></td></tr>
<tr><td rowspan="3">言谈举止</td><td>工作过程安排是否合理规范</td><td>8</td><td>16</td><td>26</td><td></td><td></td><td></td><td></td></tr>
<tr><td>陈述是否完整、清晰</td><td>7</td><td>10</td><td>12</td><td></td><td></td><td></td><td></td></tr>
<tr><td>是否正确灵活运用已学知识</td><td>7</td><td>10</td><td>12</td><td></td><td></td><td></td><td></td></tr>
<tr><td colspan="2">是否具备团队合作精神</td><td>7</td><td>10</td><td>12</td><td></td><td></td><td></td><td></td></tr>
<tr><td colspan="2">成果展示</td><td>7</td><td>10</td><td>12</td><td></td><td></td><td></td><td></td></tr>
<tr><td colspan="2">总计</td><td>52</td><td>76</td><td>100</td><td></td><td></td><td></td><td></td></tr>
<tr><td colspan="2">教师签字:</td><td colspan="5">年　月　日</td><td>得分</td><td></td></tr>
</table>

2. 自我评价

(1)完成此次任务过程中存在哪些问题?

_____

_____

(2)产生问题的原因是什么?

_____

_____

(3)请提出相应的解决问题的方法。

_____

_____

(4)还需要加强哪些方面的指导(实际工作过程及理论知识)?

_____

_____

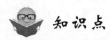 知 识 点

消耗量控制

施工现场材料领发包括两个方面即材料领发和材料耗用。控制材料的领发,监督材料的耗用,是实现工程节约、防止超耗的重要保证。

一、施工现场材料领发

材料领发的步骤和方法如下:

(1)发放准备。材料出库前,应搞好计量工具、装卸运输设备、人力以及随货发出的有关证件的准备,提高材料出库效率。

(2)核对凭证。材料调拨单、限额领料单是材料出库的凭证,发料时要认真审核材料发放的规格、品种、数量,并核对签发人的签章及单据的有效印章,非正式的凭证或有涂改的凭证一律不得发放材料。

(3)备料。凭证经审核无误后,按凭证所列品种、规格、数量准备材料。

(4)复核。为防止差错,备料后要检查所备材料是否与出库单所列相吻合。

(5)点交。发料人与领取人应当面点交清楚,分清责任。

二、限额领料

限额领料是指在施工阶段对施工人员所使用物资的消耗量控制在一定的消耗范围内。

1. 限额领料数量的确定依据

(1)正确的工程量是计算材料限额的基础。工程量是按工程施工图纸计算的,在正常情况下是一个确定的数量。但是在实际施工中常有变更情况,例如设计变更,由于某种需要,修改工程原设计,工程量也要发生变更。又如施工中没有严格按图纸施工或违反操作规程引起工程量变化,像基础越挖越大,混凝土量增加;墙体工程垂直度、平整度不符合标准,造成抹灰加

厚等。因此,正确的工程量计算要重视工程量的变更,同时要注意完成工程量的验收,以求得正确完成工程量,作为最后考核消耗的依据。

(2)定额的正确选用是计量限额的标准。选用定额时,先根据施工项目找出定额中相应的章节,根据分章分项查找相应子目。当工程施工项目与定额中标识的实际高长、厚度有差异时,应做好定额的换算。

(3)技术措施。凡实行技术节约措施的项目,一律采用技术节约措施规定的单方用料量。

2.实行限额领料应具备的技术条件

(1)设计概算。这是由设计单位根据初步设计图纸、概算定额及基建主管部门有关取费规定编制的工程费用文件。

(2)设计预算(施工图预算)。它是根据施工图计算的工程量、施工组织设计、现行工程预算定额及基建主管部门有关取费标准进行计算和编制的单位或单项工程建设费用文件。

(3)施工组织设计。它是组织施工的总则,协调人力、物力、妥善搭配、划分流水段,搭接工序、操作工艺,以及现场平面布置图和节约措施,用以组织管理。

(4)施工预算。这是根据施工图计算的分项工程量,用施工定额水平反映完成一个单位工程所需经济的费用文件。主要包括三项内容:

①工程量:按施工图和施工定额的口径规定计算的分项、分层、分段工程量。

②人工数量:根据分项、分层、分段工程量及时间定额,计算出用工量,最后计算出单位工程总用工数和人工数。

③材料限额耗用数量:根据分项、分层、分段工程量及施工定额中的材料消耗数量,计算出分项、分层、分段的材料需用量,然后汇总成为单位工程材料用量,并计算出单位工程材料费。

(5)施工任务书。它主要反映施工队组在计划期内所施工的工程项目、工程量及工程进度要求,是企业按照施工预算和施工作业计划,把生产任务具体落实到队组的一种形式。主要包括以下内容:任务工期、定额用工;按人逐日实行作业考勤;限额领料数量及料具基本要求;质量、安全、协作工作范围等交底;技术措施要求;检查、验收、鉴定、质量评比及结算。

(6)技术节约措施。企业定额的材料消耗标准,是在一般的施工方法、技术条件下确定的。为了降低材料消耗,保证工程质量,必须采取技术节约措施,才能达到节约材料的目的。

例如:抹水泥砂浆墙面掺用粉煤灰节约水泥;水泥地面用养硬灵比铺锯末好,比清水养护回弹度提高20%～40%等。为保证节约措施的实施,计算定额用料时还应以措施计划为依据。

(7)混凝土及砂浆等适配资料。定额中混凝土及砂浆的消耗标准是在标准的材质下确定的,而实际采用的材质往往与标准距离较大,为保证工程质量,必须根据实际进场的实际材料进行适配和实验。因此,计算混凝土及砂浆的定额用料数量,要根据适配试验合格后的用料消耗标准计算。

(8)有关的技术翻样资料。主要指门窗、五金、油漆、钢筋、铁件等。其中五金、油漆在施工定额没有明确的式样、颜色和规格,这些问题需要和建设单位协商,根据图纸和当时资源来确定。门窗可根据图纸、资料,按有关的标准图集提出加工单。钢筋根据图纸和施工工艺的要求由技术部门提供加工单。技术翻样和资料是确定限额领料的依据之一。

(9)新的补充定额。材料消耗定额的定制过程中可能存在漏洞,随着新工艺、新材料、新的管理方法的采用,原制定的定额已不适用,使用中需要进行适当的修订和补充。

3.限额领料数量的计算

限额领料数量＝计划实物工程量×材料消耗施工定额－技术组织措施节约额

4.限额领料的程序

(1)限额领料单的签发。

限额领料单的签发,首先由生产计划部门根据分部分项工程项目、工程量和施工预算编制施工任务书,由劳动定额员计算用工数量。然后由材料员按照企业现行内部定额,扣除技术节约措施的节约量,计算限额用料数量,填写施工任务书的限额领料部分或签发限额领料单。

在签发过程中,应注意定额选用要标准。对于采用技术节约措施的项目,应按实验室通知单上所列配合比单方用量加损耗签发。装饰工程中如有用新型材料,定额本中没有的项目,一般采用下列方法计算用量:参照新材料的有关说明书;协同有关部门进行实际测定;套用相应项目的设计预算和施工预算。

(2)限额领料单的下达。

限额领料单的下达是限额领料的具体实施过程的第一步。限额领料单一般一式五份:一份由生产计划部门作存根;一份交材料保管员备料;一份交劳资部门;一份交材料管理部门;一份交班组作为领料依据。限额领料单要注明质量等部门提出的要求,由工长向班组下达和交底,对于用量大的领料单应进行书面交底。

所谓用量大的用料单,一般指分部位承包下达的施工队领料单,如结构工程既有混凝土,又有砌砖及钢筋、支模等,应根据月度工程进度,列出分层次分项目的材料用量,以便控制用料及核算,起到限额用料的作用。

(3)限额领料单的应用。

限额领料单的使用是保证限额领料实施和节约使用材料的重要步骤。班组料具员持限额领料单到指定仓库领料,材料保管员按领料单所限定的品种、规格、数量发料,并作好分次领用记录。在领发过程中,双方办理领发料手续,填制领料单,注明用料的单位工程和班组,材料的品种、规格、数量及领用日期,双方签字认证。做到仓库有人管,领料有凭证,用料有记录。

班组要按照用料的要求做到专料专用,不得串项,对领出的材料要妥善保管。同时,班组料具员要搞好班组用料核算,各种原因造成的超限额用料必须由工长出具借料单,材料人员可先借3日内的用料,并在3日内补办手续,不补办的停止发料,做到没有定额用料单不得领发料。限额领料单应用过程中应处理好以下几个问题:

①因气候影响班组需要中途变更施工项目。例如:原是灰土垫层变更为混凝土垫层,用料单也应作相应的项目变动处理,结合原项添新项。

②因施工部署变化,班组施工的项目需要变更做法。例如:基础混凝土组合柱,为提前回填土方,支木模改为支钢模,用料单就应减去改变部分的木模用料,增加钢模用料。

③因材料供应不足,班组原施工项目的用料需要改变。例如:原是卵石混凝土,由于材料供应上改用碎石,就必须把原来项目结清,重新按碎石混凝土的配合比调整用料单。

④限额领料单中的项目到月底做不完时,应按实际完成量验收结算,没做的下月重新下达,使报表、统计、成本交圈对口。

⑤合用搅拌机问题。现场经常发生2个以上班组合用1台搅拌机拌制混凝土或砂浆等,原则上仍应分班组核算。

（4）限额领料单的检查。

在限额领料过程中，会有许多因素影响班组用料。材料管理人员要深入现场，调查研究，会同栋号主管及有关人员从多方面检查，对发现的问题帮助班组解决，使班组正确执行定额用料，落实节约措施，做到合理使用。检查内容主要有：

①查项。检查班组是否按照用料单上的项目进行施工，是否存在串料项目。由于材料用量取决于一定的工程量，而工程量又表现在一定的工程项目上，项目如果有变动，工程量及材料数量也随之变动。施工中由于各种因素的影响，班组施工项目变动是比较多的，可能出现串料现象。在定额用料中，应对班组经常进行以下五个方面的检查和落实：

A. 查设计变更的项目有无发生变化；

B. 查用料单所包括的施工是否做，是否甩，是否做齐；

C. 查项目包括的工作内容是否都做完了；

D. 查班组是否做限额领料单以外的施工项目；

E. 查班组是否有串料项目。

②查量。检查班组已验收的工程项目的工程量，是否与用料单上所下达的工程量一致。

班组用料量的多少，是根据班组承担的工程项目的工程量计算的。工程量超量必然导致材料超耗，只有严格按照规范要求做，才能保证实际工程量不超量。在实际施工过程中，由于各种因素的影响，往往造成超高、超厚、超长、超宽而加大施工量，有的是事先可以发现而没有避免的，有的则是事先发现不了的，情况十分复杂。应通过查量，根据不同情况作出不同的处理。如砖墙超厚加宽、灰缝超厚都会增加砂浆用量。检查时一要看墙身放线准不准；二要看皮数杆尺寸是否合格。又如浇灌梁、柱、板混凝土时，因模板超宽、缝大、不方正等原因，造成混凝土超量，主要查模板尺寸，还应在木工支模时建议模板要支得略小一点，防止浇灌混凝土时模板胀出加大混凝土量。再如抹灰工程，是容易产生较多亏损的工程，原因很多，情况复杂，一般原因有：一是因上道工序影响而增加抹灰量；二是因装修工程本身施工造成的超宽、超长而增加用量；三是返工而增加用量。材料员要参加结构主要项目的验收，属于上道工序该做未做的，以及不符合要求的，都应由原班组补做补修；要协助质量部门检查米尺和靠尺板是否合格等，对超量施工要及时反映监督纠正。

③查操作。检查班组在施工中是否严格按照规定的技术操作规范施工。不论是执行定额还是执行技术节约措施，都必须按照定额及措施规定的方法要求去操作，否则就达不到预期效果。有的工程项目工艺比较复杂，应重点检查主要项目和容易错用材料的项目。在砌砖、现浇混凝土、抹灰工程中，要检查是否按规定使用混凝土及砂浆配合比，防止以高强度等级代替低强度等级，以水泥砂浆代替混合砂浆。例如有的班组在抹内墙白灰时为图省事，打底灰也用罩面灰等，在检查中发现这类问题应及时帮助纠正。

④查措施的执行。检查班组在施工中技术节约措施的执行情况。技术节约措施是节约材料的重要途径，班组在施工中是否认真执行，直接影响着节约效果的实现。因此，不但要按措施规定的配合比和掺合料签发用料单，而且要检查班组的执行情况，通过检查帮助班组解决执行中存在的问题。

⑤查活完脚下清。检查班组在施工项目完成后是否做到"三清"，用料有无浪费现象。例如，造成材料超耗的因素是落地灰过多，可以采取以下措施：一是少掉灰；二是及时清理，有条件的要随用随清；三是不能随用的集中分筛利用。

材料员要协助栋号主管促使班组计划用料,做到砂浆不过夜,灰槽不剩灰,半砖砌上墙,大堆材料清底使用,砂浆随用随清,运料车严密不漏,装车不要过高,运输道路保持平整,筛漏集中堆放,后台保持清洁,刷罐灰尽量利用,通过对活完脚下清的检查,达到现场消灭"七头",废物利用和节约材料的目的。

(5)限额领料单的验收。

班组完成任务后,应由工长组织有关人员进行验收。工程量由工长验收签字,统计、预算部门把关,审核工程量;工程质量由技术质量部门验收,并在任务书签署检查意见;用料情况由材料部门签署意见,验收合格后办理退料手续,见表5-12。

表5-12　限额领料"五定五包"验收记录

项目	施工队"五定"	班组"五保"	验收意见
工期要求			
质量标准			
安全措施			
节约措施			
协作			

(6)限额领料单的结算。

班组料具员或组长将验收合格的任务书送交定额员结算。材料员根据验收的工程量和质量部门签署的意见,计算班组实际应用量和实际耗用量,结算盈亏,最后根据已结算的定额用料单分别登入班组用料台账,按月公布班组用料节超情况,作为评比和奖励的依据,如表5-13所示。

表5-13　分部分项工程材料承包结算表

单位名称		工程名称		承包项目	
材料名称					
施工图预算用量					
发包量					
实耗量					
实耗与施工图预算比					
实耗与发包量比					
节超价值					
提奖率					
提奖额					
主管领导审批意见			材料部门审批意见		
(盖章)　　年　月　日			(盖章)　　　　年　月　日		

在结算中应注意以下几个问题：

①班组任务书的个别项目因某种原因由工长或生产计划部门进行更改，原项目未做或完成一部分而又增加了新项目，这就需要重新签发用料单，并与实耗对比。

②抹灰工程中班组施工的某一项目，如墙面抹灰，定额标准厚度是 2cm，但由于上道工序造成墙面不平整增加了抹灰厚度，应按工长实际验收的厚度换算单方用量后再进行结算。

③要求结算的任务书、材料耗用量与班组领料单实际耗用量及结算数字要交圈对口。

（7）限额领料单的分析。

根据班组任务书结算的盈亏数量，进行节超分析，要根据定额的执行情况，查找材料节超原因，揭示存在问题，堵塞漏洞，以利进一步降低材料消耗。

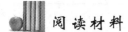 阅读材料

公路施工过程中的材料用量控制

1. 准确统计设计数量作为控制的基本依据

材料管理人员进驻施工现场后，应对施工设计图纸数量进行核定汇总，以便对材料的采购和材料用量进行系统管理。在材料实际用量计划中，要考虑以下几个方面的因素：

（1）图纸设计数量与实际施工用量的线形比例关系：图纸设计的材料数量是在没有考虑施工损耗的情况下统计的数量，应根据实际情况充分考虑各种损耗的因素，才是可供实际控制的数量。

（2）工程特点与工程部位的因素：考虑损耗主要包括地域环境、气候的特点，设计质量标准的特点，季节时令特点，工程部位等。

（3）及时做好变更统计工作，变更一经确定，立即对材料控制数量进行调整，以确保数量控制的合理性和有效性。

在充分考虑了以上各种因素后核定材料数量，方可作为控制数量的基础，在材料采购供应过程中，对进入施工现场的材料数量及时进行统计记录，以确保做到有效的控制。

2. 加强材料使用数量过程控制

要做到对材料使用数量进行有效控制，必须做到在施工过程中的全过程控制，重点是施工过程中的中前期控制。应根据施工各阶段对施工进度中所需材料的计划使用量与实际使用量进行统计对比，如出现偏差，应及时分析原因，采取措施。不及时进行统计分析，材料管理工作则只是停留在重供应轻管理的水平上。到工程结束时才作统计分析，为时已晚，只能眼睁睁地接受亏损的现实。做好材料使用量的全过程控制，靠一个部门或一个人是不行的。首先，项目部领导应重视支持；其次，还需生产经营部门的配合与协调：材料计划量的核定，施工统计期内至本月计划使用量所需的数据，已完工程量及材料配合比、比重等均应由生产部门配合提供，否则材料核算控制就无从着手。

做到行之有效的材料用量控制，首先要做到统计数据的真实可靠，只有在统计时间一致的情况下，才能保证核算期内所统计数据的真实性。在对库存材料盘存时，要严肃认真，防止粗枝大叶走过场，使统计数据失去真实性、可比性。没有真实性、可比性，就无法进行材料使用数量的有效控制。

要达到对材料使用数量控制的目的，必须对每月统计分析出的问题采取有针对性的纠正

措施,有明确的责任人,有具体的落实人。另外,对材料使用量的控制与相关责任人的经济收入挂钩,充分体现责、权、利一致的原则,个人收入与项目工程成本控制相结合。

3.控制方法

控制方法采取按月填制材料盘点表进行核算统计的方式,内容如下:

项目计划使用量,是在充分考虑了各种施工因素后核定的项目工程计划使用数量即实际控制量。

至本月计划使用量,是至施工统计期应使用的材料数量。

至本月累计使用量,是至施工统计期实际使用的材料使用量。

累计盈亏,是对施工统计期材料计划使用量与实际使用量的统计对比,可以直观地反映该施工统计期内材料使用量的盈亏,如出现亏损就应该分析是什么原因造成的。为了找出材料使用出现亏损是哪个阶段造成的,是谁造成的,就应对当月的材料使用状况进行调查和统计分析。

本月计划用量,是本月已完成工程量的计划使用数量。

本月实际用量,是本月实际使用的材料数量。

本月盈亏,是本月施工过程中材料使用数量实际状况,如出现连续亏损,就要进一步分析上月度统计分析的原因是否切中要害,采取的措施是否得力,或者是根本就没有采取整改措施;该月度的亏损,是谁来进行控制的,谁应对本月出现的亏损承担责任。

累计进场量,是该工程材料的累计进场数量,到工程后期或单位工程即将结束时,应对进场材料进行控制,已进场数量与计划用量之差是多少,再进多少,材料人员要有一个明确的数字控制线。

本月进场量,是本月进场的材料数量,是考核材料人员对本月应进场材料数量的考核,如出现实际进场数量大于工程计划数量现象,应追究责任,以避免盲目进料造成工程已结束而进场的材料还有剩余,导致浪费。

本月库存为施工统计期内当月库存的材料数量,此项是考虑材料现场管理人员是否在施工统计期内对材料进行了认真的盘点,此栏项的数据也是核算本月材料实际使用数量的重要依据,在工程后期,材料人员应随时在此基础上考虑下月的材料进场数量。

市场经济条件下企业的最大目的就是取得理想的经济效益,所以控制好影响成本主要因素的材料使用数量是公路施工企业的重要工作之一。要想使材料实际用量不超工程计划量,就要从工程一开工做起,避免出现亏损情况而无法采取措施解决,只能接受工程项目亏损的现实。

学习情境六

成本分析方法

任务一　因素分析法

一、任务描述

了解在成本分析过程中各种成本分析方法如何应用。

二、学习目标

1.能使用连锁替代法对成本差异进行分析；
2.能使用差额计算法对成本差异进行分析。

三、任务实施

(一)学习准备

引导问题1：通常在工程成本核算中，有三种形式的成本：预算成本、计划成本、实际成本，学习这三种成本计算的依据及其这三者的区别，简要写出学习成果。

_____

_____

_____

引导问题2：材料费是所消耗材料数量和材料采购价格相乘之积，那么材料费核算时应从哪几方面进行核算？

_____

_____

_____

引导问题3：因素分析法就是通过分析材料费各构成因素的变动对材料费的影响程度，找出使材料费节超的主要原因的一种方法。具体有连锁替代法和差额计算法两种。阐述这两种理论。

_____

_____

(二)实施任务

【案例1】

某项目一施工队本期主要材料消耗资料如表6-1所示。

表6-1 某项目本期主要材料消耗资料

材料名称	单位	工程量（m³）		单价（元）		材料消耗定额	
		计划	实际	计划	实际	实际	计划
钢材	t	50	62	3000	3400	0.32	0.28
水泥	t	2500	3000	480	520	0.28	0.29
木材	m³	56	50	850	830	0.18	0.21

引导问题：用因素分析法对主要材料消耗节超情况进行分析，并用文字加以简单说明。

【案例2】

某局某分部搅拌站6月份混凝土盈亏核算表如表6-2所示。

表6-2 某分部搅拌站6月份混凝土盈亏核算表

材料名称	强度等级	定额消耗			实际消耗			盈（＋）亏（一）			合计	
		数量（m³）	单价（元）	金额（元）	数量（m³）	单价（元）	金额（元）	工程量	金额	单价	金额	金额
混凝土	C15	86.40	256.75	22183.2	101.00	287.47	29034.41	-14.60	-4197.06	-30.72	-3102.72	-7299.78
混凝土	C20	291.00	268.99		310.00	299.08						
混凝土	C30	895.40	287.95		1167.2	316.70						
混凝土	C35	3278.59	295.07		3093.5	323.90						
混凝土	C40	30.00	307.2		31.25	332.70						
砂浆	M10	7.00	243.5		7.00	255.30						

引导问题1：根据所填C15混凝土的数据，分析此种盈亏计算办法是否正确？（可从盈亏

总额是否相等角度思考)

_____

_____

_____

引导问题 2：你认为应该使用的方法是(   )。

A.因素分析法   B.指标对比法   C.价值工程法   D.差额计算法   E.连锁替代法

引导问题 3：分析工程量变动对成本的影响以及单价变动对成本的影响。将结果填入表6-2中。分析盈亏产生的主要原因是由于工程量的变动还是由于采购价格的上涨以便找出存在问题及提出解决办法。

_____

_____

_____

_____

【案例3】

某施工队伍承担 M5 混合砂浆砌筑一砖外墙工程共 100m³，各种材料实耗量统计如表6-3所示，对此施工单位及此工号材料消耗情况进行核算，分析节超原因。

表6-3   各种材料实耗量统计表

材料名称	单位	定额消耗			实际消耗			盈(+)亏(一)						合计
		工程量(m³)	单价(元)	单耗	工程量(m³)	单价(元)	单耗	工程量	金额	单价	金额	单耗	金额	金额
黄砂	kg	100	25	1378	110	24	1388							
42.5级水泥	kg	100	480	204	110	520	220							
砖	块	100	0.35	530	110	0.5	540							
石灰膏	kg	100	20	146	110	22	154							

引导问题：计算工程量变动、单价变动、单位工程用量变动分别对成本的影响。

_____

_____

_____

_____

四、任务评价

1.填写任务评价表

考核项目		分数			学生自评	小组互评	教师评价	小计
		差	中	好				
自学能力		8	10	13				
是否积极参与活动		8	10	13				
言谈举止	工作过程安排是否合理规范	8	16	26				
	陈述是否完整、清晰	7	10	12				
	是否正确灵活运用已学知识	7	10	12				
是否具备团队合作精神		7	10	12				
成果展示		7	10	12				
总计		52	76	100				
教师签字:			年　　月　　日				得分	

任务评价表

2.自我评价

(1)完成此次任务过程中存在哪些问题?

_____

_____

(2)产生问题的原因是什么?

_____

_____

(3)请提出相应的解决问题的方法。

_____

_____

(4)还需要加强哪些方面的指导(实际工作过程及理论知识)?

_____

_____

 **知识点**

因素分析法

一、材料核算的基本方法

1. 工程成本的核算方法

工程成本核算是指对企业已完工程的成本水平,执行成本计划的情况进行比较,是一种既全面而又概略的分析。工程成本按其在成本管理中的作用有三种表现形式:

(1)预算成本。预算成本是根据构成工程成本的各个要素,按编制施工图预算的方法确定的工程成本,是考核企业成本水平的重要标尺,也是结算工程价款、计算工程收入的重要依据。

(2)计划成本。计划成本是企业为了加强成本管理,在施工生产过程中有效地控制生产耗费,所确定的工程成本目标值。计划成本应根据施工图预算,结合单位工程的施工组织设计和技术组织措施计划、管理费用计划确定。它是结合企业实际情况确定的工程成本控制额,是企业降低消耗的奋斗目标,是控制和检查成本计划执行情况的依据。

(3)实际成本。即企业完成建筑安装工程实际发生的应计入工程成本的各项费用之和。它是企业生产耗费在工程上的综合反映,是影响企业经济效益高低的重要因素。

2. 工程成本材料费的核算

工程材料成本的核算反映在两个方面:一是建筑安装工程定额规定的材料定额消耗量与施工生产过程中材料实际消耗量之间的"量差";二是材料投标价格与实际采购供应材料价格之间的"价差"。工程材料成本盈亏主要核算这两个方面。

(1)材料的量差。材料部门应按照定额供料,分单位工程记账,分析节约与超支,促进材料的合理使用,降低材料消耗。做到对工程用料、临时设施用料、非生产性其他用料,区别对象划清成本项目。对属于费用性开支非生产性用料,要按规定掌握,不能计入工程成本。对供应两个以上工程同时使用的大宗材料,可按定额及完成的工程量进行比例分配,分别计入单位工程成本。为了抓住重点,简化基层实物量的核算,根据各类工程用料特点,结合班组核算情况,可选定占工程材料费用比重较大的主要材料,如土建工程中的钢材、木材、水泥、砖瓦、砂、石、石灰等按品种核算,施工队建立分工号的实物台账,一般材料则按类核算,掌握队、组用料节超情况,从而找出定额与实耗的量差,为企业进行经济活动分析提供资料。

(2)材料的价差。材料价差的发生,要区别供料方式。供料方式不同,其处理方法也不同。由建设单位供料,按承包商的投标价格向施工单位结算,价格差异则发生在建设单位,由建设单位负责核算。施工单位实行包料,按施工图预算包干的,价格差异发生在施工单位,由施工单位材料部门进行核算,所发生的材料价格差异按合同的规定处理成本。

二、材料成本分析

成本分析就是利用成本数据按期间与目标成本进行比较,找出成本升降的原因,总结经营管理的经验,制定切实可行的措施,加以改进,不断地提高企业经营管理水平和经济效益。

成本分析可以在经济活动的事先、事中或事后进行。在经济活动开展之前,通过成本预测分析,可以选择达到最佳经济效益的成本水平,确定目标成本,为编制成本计划提供可靠依据。在经济活动过程中,通过成本控制与分析,可以发现实际支出脱离目标成本的差异,以便及时采取措施,保证预定目标的实现。在经济活动完成之后,通过实际成本分析,评价成本计划的执行效果,考核企业经营业绩,总结经验,指导未来。

成本分析方法很多,如技术经济分析法、比重分析法、因素分析法、成本分析会议等。材料成本分析通常采用的具体方法有:

1. 指标对比法

这是一种以数字资料为依据进行对比的方法。通过指标对比,确定存在的差异,然后分形成差异的原因。

对比法主要有以下几种:

(1)实际指标和计划指标比较。

(2)实际指标和定额、预算指标比较。

(3)本期实际指标与上期(或上年同期成本企业历史先进水平)的实际指标对比。

(4)企业的实际指标与同行业先进水平比较。

例如本期实际指标与预算指标对比如表6-4所示。

表6-4 建筑直接工程费成本表 单位:万元

成本项目	预算成本	实际成本	成本降低额	成本降低率(%)
人工费	204.6	205.70	−1.10	−0.54
材料费	1613.2	1479.63	133.57	8.28
材料使用费	122.4	122.34	0.06	0.05
其他直接费	31.2	30.44	0.76	2.43
现场经费	94.2	82.62	11.58	12.29
工程成本合计	2065.6	1920.73	144.87	7.01

从表6-4中可以看出材料费的成本降低额为133.57万元,降低率为8.28%。

2. 因素分析法

成本指标往往由很多因素构成,因素分析法是通过分析材料成本各构成因素的变动对材料成本的影响程度,找出材料成本节约或超支的原因的一种方法。

因素分析法具体有连锁替代法和差额计算法二种。

(1)连锁替代法。它以计划指标和实际指标的组成因素为基础,把指标的各个因素的实际数,顺序、连环地去替换计划数,每替换一个因素,计算出替换后的乘积与替代前乘积的差额,即为该替代因素的变动对指标完成情况的影响程度。各因素影响程度之和就是实际数与计划数的差额。现举例如下:

假设成本材料费超支1400元,用连锁替代法进行分析。

影响材料费超支的因素有三个,即产量、单位产品材料消耗量和材料单价,它们之间的关系可用下列公式表示:

材料费总额=产量×单位产品材料消耗量×材料单价

根据以上因素将有关资料列于表 6－5。

表 6－5 材料费总额组成因素表

指标	计划数	实际数	差额
材料费(元)	4000	5400	＋1400
产量(m³)	100	120	＋20
单位产品材料消耗量(kg)	10	9	－1
材料单价(元)	4	5	＋1

第一次替代，分析产量变动的影响：

$$120(m^3) \times 10(kg/m^3) \times 4(元/kg) = 4800(元)$$
$$4800(元) - 4000(元) = 800(元)$$

第二次替代，分析材料消耗定额变动的影响：

$$120(m^3) \times 9(kg/m^3) \times 4(元/kg) = 4320(元)$$
$$4320(元) - 4800(元) = -480(元)$$

第三次替代，分析材料单价变动的影响：

$$120(m^3) \times 9(kg/m^3) \times 5(元/kg) = 5400(元)$$
$$5400(元) - 4320(元) = 1080(元)$$

分析结果：$800(元) - 480(元) + 1080(元) = 1400(元)$

通过计算，可以看出材料费的超支主要是由于材料单价的提高而引起的。

（2）差额计算法。差额计算法是连锁替代法的一种简化形式，它是利用同一因素的实际数与计划数的差额，来计算该因素对指标完成情况的影响，现仍以表 6－5 数字为例分析如下。

由于产量变动的影响程度：

$$(+20) \times 10 \times 4 = 800(元)$$

由于单位产品材料消耗量变动的影响程度：

$$120 \times (-1) \times 4 = -480(元)$$

由于单价变动的影响程度：

$$120 \times 9 \times (+1) = 1080(元)$$

以上三项相加结果：

$$800 + (-480 + 1080) = 1400$$

分析的结果与连锁替代法相同。

3.趋势分析法

趋势分析法是将一定时期内连锁各期有关数据列表反映并借以观察其增减变动基本趋势的一种方法。

假设某企业 2011—2015 年各年的某类工程材料成本如表 6－6 所示。

表 6－6 单位工程材料成本表(元)

单位：元

年度	2011	2012	2013	2014	2015
单位成本	500	570	650	720	800

表6-6中数据说明该企业某类单位工程材料成本总趋势是逐年上升的,但上升的程度多少,并不能清晰地反映出来。为了更具体地说明各年成本的上升程度,可以选择某年为基年,计算各年的趋势百分比。现假设以2011年为基年,各年与2011年的比较如表6-7所示。

表6-7 各年单位工程材料成本上升程度比较表

年度	2011	2012	2013	2014	2015
单位成本比率(%)	100	114	130	144	160

从表6-7可以看出该类单位工程材料成本在5年内逐年上升,每年上升的幅度约是上一年的15%左右,这样就可以对材料成本变动趋势有进一步的认识,还可以预测今后成本上升的幅度。

任务二 挣值分析法

一、任务描述

了解挣值分析法在成本分析与控制过程中的应用。

二、学习目标

能使用挣值分析法对成本进行分析。

三、任务实施

(一)学习准备

引导问题:挣值分析法的三个基本参数和四个评价指标是什么? 简述其代表的意义。

_____

_____

_____

_____

(二)实施任务

【案例1】

在项目实施中间的某次周例会上,项目经理小王用表6-8向大家通报了目前的进度。根据这个表格,目前项目的进度(   )。

表6-8 项目进度表

活动	计划值	完成百分比	实际成本
基础设计	20000元	90%	10000元
详细设计	50000元	90%	60000元
测试	30000元	100%	40000元

A. 提前于计划 7%　　　　　　　B. 落后于计划 18%

C. 落后于计划 7%　　　　　　　D. 落后于计划 7.5%

【案例 2】

挣值分析法是对项目成本和进度进行综合控制的一种图形表示和分析方法,根据其图形,下列表达式中表示实际成本超过预算的是(　　)。

A. $BCWP-BCWS<0$　　　　B. $BCWP-ACWP<0$

C. $BCWS-ACWP<0$　　　　D. $ACWP-BCWS<0$

【案例 3】

项目经理小张对自己正在做的一个项目进行成本挣值分析后,画出了如图 6-1 所示的一张图,当前时间为图中的检查日期。根据该图小张分析该项目进度(　　),成本(　　)。

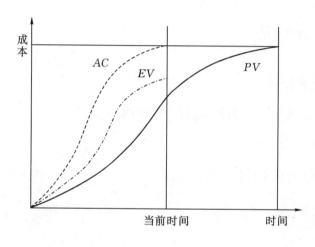

图 6-1　成本挣值分析

A. 正常　　B. 落后　　C. 超前　　D. 无法判断

A. 正常　　B. 超支　　C. 节约　　D. 无法判断

【案例 4】

某项目经理将其负责的工程项目进行了分解,并对每个分项工程进行了成本估算,得到其计划成本。各任务同时开工,开工 5 天后项目经理对进度情况进行了考核,如表 6-9 所示。

表 6-9　项目进度情况考核表

任务	计划工期(天)	计划成本(元/天)	已发生费用	已完成工作量
甲	10	2000	16000	20%
乙	9	3000	13000	30%
丙	12	4000	27000	30%
丁	13	2000	19000	80%
戊	7	1800	10000	50%
合计				

引导问题 1:请计算该项目在第 5 天末的 PV、EV,并写出计算过程。

_____

_____

_____

_____

引导问题2:请从进度和成本两方面评价此项目的执行绩效如何,并说明依据。

_____

_____

_____

引导问题3:如果要求任务按期完成,项目经理采取赶工措施,那么任务的剩余日平均工作量是原计划日平均工作量的多少倍?

_____

_____

四、任务评价

1.填写任务评价表

任务评价表							
考核项目	分数			学生自评	小组互评	教师评价	小计
	差	中	好				
自学能力	8	10	13				
是否积极参与活动	8	10	13				
言谈举止 工作过程安排是否合理规范	8	16	26				
陈述是否完整、清晰	7	10	12				
是否正确灵活运用已学知识	7	10	12				
是否具备团队合作精神	7	10	12				
成果展示	7	10	12				
总计	52	76	100				
教师签字:			年 月 日			得分	

2.自我评价

(1)完成此次任务过程中存在哪些问题?

_____

_____

(2)产生问题的原因是什么？

_____

_____

(3)请提出相应的解决问题的方法。

_____

_____

(4)还需要加强哪些方面的指导(实际工作过程及理论知识)？

_____

_____

_____

 知 识 点

挣值分析法

项目的挣值管理(earned value management,EVM)，是用与进度计划、成本预算和实际成本相联系的三个独立的变量，进行项目绩效测量的一种方法。它比较计划工作量、WBS 的实际完成量(挣得)与实际成本花费，以决定成本和进度绩效是否符合原定计划。

一、挣值分析的三个基本参数

挣值分析的三个基本参数包括计划值(PV)、实际成本(AC)和挣值(EV)：

(1)计划值(plan value,PV)，又叫计划工作量的预算费用(budgeted cost for work scheduled,BCWS)。它是指项目实施过程中某阶段计划要求完成的工作量所需的预算工时(或费用)。计算公式是：

$$PV=BCWS=计划工作量×预算定额$$

(2)实际成本(actual cost,AC)，又叫已完成工作量的实际费用(actual cost for work performed,ACWP)。它是指项目实施过程中某阶段实际完成的工作量所消耗的工时(或费用)，主要反映项目执行的实际消耗指标。

(3)挣值(earned value,EV)，又叫已完成工作量的预算成本(budgeted cost for work performed,BCWP)。它是指项目实施过程中某阶段实际完成工作量及按预算定额计算出来的工时(或费用)。计算公式是：

$$EV=BCWP=已完成工作量×预算定额$$

二、挣值分析法的四个评价指标

挣值分析法的四个评价指标：进度偏差(SV)、成本偏差(CV)、成本执行指数(CPI)和进度执行指标(SPI)。

(1)进度偏差(schedule variance,SV)。它是指检查日期挣值和计划值之间的差异：

$$SV=EV-PV=BCWP-BCWS$$

当 SV 为正值时，表示进度提前；

当 SV 等于零时，表示实际与计划相符；

当 SV 为负值时，表示进度延误。

（2）成本偏差（cost variance，CV）。它是指检查期间挣值和实际成本之间的差异：

$$CV=EV-AC=BCWP-ACWP$$

当 CV 为正值时，表示实际消耗的人工（或费用）低于预算值，即有结余或效率高；

当 CV 等于零时，表示实际消耗的人工（或费用）等于预算值；

当 CV 为负值时，表示实际消耗的人工（或费用）超出预算值或超支。

（3）费用执行指标（cost performed index，CPI）。它是指预算费用与实际费用之比（或工时值之比），即

$$CPI=EV/AC=BCWP/ACWP$$

当 CPI>1 时，表示低于预算，即实际费用低于预算费用；

当 CPI=1 时，表示实际费用与预算费用吻合；

当 CPI<1 时，表示超出预算，即实际费用高于预算费用。

（4）进度绩效指标（shedul performed index，SPI）。它是指项目挣值与计划值之比，即

$$SPI=EV/PV=BCWP/BCWS$$

当 SPI>1 时，表示进度超前；

当 SPI=1 时，表示实际进度与计划进度相同；

当 SPI<1 时，表示进度延误。

三、挣值分析应用

挣值管理是项目管理的一种方法，主要用于项目成本和进度的监控。挣值通过项目开始时的计划与所完成的工作进行比较，给出了一个项目何时完工的估算，通过从项目已经完工的部分进行推算，项目经理可以估计出项目完工的时候将会花费多少资源。

为了在项目中应用挣值方法，项目经理需要下列首要数据：

工作分解结构（WBS）：以层次化分解的所有任务的列表；

项目主进度计划（PMS）：关于哪些任务将完成以及谁完成的甘特图；

计划完成的工作的预计成本（计划值）：每一个周期预计当前完成的工作的预算；

实际完成的工作的预计成本（挣值）：每一个周期当前实际完成的工作的预算；

实际完成的工作的实际成本（实际成本）：每一个周期工作的实际成本；

项目总预算（BAC）：预计用于完成项目所花费的总预算。

例：某土方工程挣值分析

某土方工程总挖方量为 4000 立方米。预算单价为 45 元/立方米。该挖方工程预算总费用为 180000 元。计划用 10 天完成，每天 400 立方米。

开工后第 7 天早晨刚上班时业主项目管理人员前去测量，取得了两个数据：已完成挖方2000 立方米，支付给承包单位的工程进度款累计已达 120000 元。

项目管理人员先计算已完工作预算费用，得

$$BCWP=45（元/立方米）×2000（立方米）=90000（元）$$

接着，查看项目计划，计划表明，开工后第 6 天结束时，承包单位应得到的工程进度款累计额为 $BCWS=108000$ 元。

进一步计算得：

费用偏差：$BCWP-ACWP=90000-120000=-30000$（元），表明承包单位已经超支。

进度偏差：$BCWP-BCWS=90000-108000=-18000$（元），表明承包单位进度已经拖延。表示项目进度落后，较预算还有相当于价值 18000 元的工作量没有做。$18000\div(400\times45)=1$ 天的工作量，所以承包单位的进度已经落后 1 天。

另外，还可以使用费用实施指数 CPI 和进度实施指数 SPI 测量工作是否按照计划进行。

$CPI=BCWP/ACWP=90000/120000=0.75$

$SPI=BCWP/BCWS=90000/108000=0.83$

CPI 和 SPI 都小于 1，给该项目亮了黄牌。

综合实训项目

一、实训目的

1.通过实训,对材料员内业业务流程有较深刻的了解;

2.培养分析问题和解决问题的独立工作能力,为将来参加工作打下基础。

二、实训内容

该实训场景是某项目开工准备场地整平阶段,主要的工程量是搅拌站场地硬化、实验室等临时设施建设、材料仓库的建设、一号二号便道修建,用到的材料主要有矿渣、砖、石粉、砂子、水泥等大堆料。材料编号和预算价格信息如下表所示。

材料名称	石子	砖	细砂	矿渣	水泥	水泥	石子	石粉
规格型号	1～2cm	240mm×115mm×53mm			PC32.5	PC42.5	2～4cm	
计量单位	m³	块	m³	m³	t	t	m³	m³
材料编号	1132021	1133007	1132643	1132101	1100023			
预算价格(元)	65	0.35	53	30	300			

施工队伍五个,分别为一号便道、二号便道、孙万、刘天、雷刚,供应商有张国强、赵洋、新泉煤化、郭明涛、综合二队、柳大牛。

1.分析解决以下问题。

(1)施工处于准备阶段,地磅未安装到位,如何测量矿渣、石子等材料的数量,需要哪些工具?

(2)查询补充表中部分材料的材料编号,调查部分材料的市场价格作为材料的预算价格。

2.根据附表中7月份现场材料的收发记录模拟填写7月份收料单、发料单,完成对六位材料供应商供料结算、五个施工队伍用料结算工作,保证收发平衡。

3.根据7月份收发料单模拟填写月份物资供应台账、月份材料收发存动态统计表。

三、实训成果

1.完成实训资料。

2.将实训过程中遇到的问题和解决的办法,进行全面的分析和总结,写出实训报告。实训报告应图文并茂,总字数不宜少于2500字。

四、考核内容和方式

实训结束后,实训指导教师依据学生实训期间的综合表现、实训成果资料、实训报告情况,确定最终实训成绩。

7月份现场收料记录

第一本

收料单号	日期	物资名称	规格型号	计量单位	单价	数量	金额	供料单位	收料单位	承运车号
	6.29	矿渣		m³		21		张国强	搅拌站雷刚	陕 E80496
	6.29	矿渣		m³		20		张国强	搅拌站雷刚	陕 E69723
	6.29	矿渣		m³		20		张国强	搅拌站雷刚	陕 E61821
	6.29	矿渣		m³		21		张国强	搅拌站雷刚	陕 E75982
	6.30	矿渣		m³		19.5		张国强	搅拌站雷刚	陕 E80496
	6.30	矿渣		m³		19		张国强	搅拌站雷刚	陕 E80496
	6.30	矿渣		m³		19		张国强	搅拌站雷刚	陕 E80496
	6.30	矿渣		m³		19		张国强	搅拌站雷刚	陕 E69723
	6.30	矿渣		m³		19		张国强	搅拌站雷刚	陕 E69723
	6.30	矿渣		m³		19		张国强	搅拌站雷刚	陕 E69723
	6.30	矿渣		m³		19		张国强	搅拌站雷刚	陕 E52780
	6.30	矿渣		m³		18.5		张国强	搅拌站雷刚	陕 E52780
	6.30	矿渣		m³		19		张国强	搅拌站雷刚	陕 E52780
	6.30	矿渣		m³		10		张国强	搅拌站雷刚	陕 E21908
	6.30	矿渣		m³		9		张国强	搅拌站雷刚	陕 E21908
	7.1	矿渣		m³		19		张国强	搅拌站雷刚	陕 E69723
	7.1	矿渣		m³		19		张国强	搅拌站雷刚	陕 E80496
	7.1	矿渣		m³		19		张国强	搅拌站雷刚	陕 E61821
	7.1	矿渣		m³		19		张国强	搅拌站雷刚	陕 E52780
	7.1	矿渣		m³		19		张国强	搅拌站雷刚	陕 E75982
	7.1	矿渣		m³		9		张国强	搅拌站雷刚	陕 E21908
	7.1	矿渣		m³		19		张国强	搅拌站雷刚	陕 E80496
	7.1	矿渣		m³		28		张国强	搅拌站雷刚	陕 E65286
	7.1	矿渣		m³		21.5		张国强	搅拌站雷刚	陕 E38948

第二本

收料单号	日期	物资名称	规格型号	计量单位	单价	数量	金额	供料单位	收料单位	承运车号
	7.1	矿渣		m³		20		张国强	搅拌站雷刚	陕 E80175
	7.1	矿渣		m³		20		张国强	搅拌站雷刚	陕 E61611
	7.1	矿渣		m³		21		张国强	搅拌站雷刚	陕 E56939
	7.1	矿渣		m³		21.5		张国强	搅拌站雷刚	陕 E58012
	7.2	矿渣		m³		19		张国强	搅拌站雷刚	陕 E80496
	7.2	矿渣		m³		19		张国强	搅拌站雷刚	陕 E56028
	7.2	矿渣		m³		19		张国强	搅拌站雷刚	陕 E69705
	7.2	矿渣		m³		19		张国强	搅拌站雷刚	陕 E69723
	7.2	矿渣		m³		19		张国强	搅拌站雷刚	陕 E61821
	7.2	矿渣		m³		19		张国强	搅拌站雷刚	陕 E52780
	7.2	矿渣		m³		19		张国强	搅拌站雷刚	陕 E75982
	7.2	矿渣		m³		20		张国强	搅拌站雷刚	陕 E80175
	7.2	矿渣		m³		16		张国强	搅拌站雷刚	陕 E29501
	7.2	矿渣		m³		20		张国强	搅拌站雷刚	陕 E65795
	7.2	矿渣		m³		19		张国强	搅拌站雷刚	陕 E80490
	7.2	矿渣		m³		19		张国强	搅拌站雷刚	陕 E65141
	7.2	矿渣		m³		19		张国强	搅拌站雷刚	陕 E36890
	7.2	矿渣		m³		19		张国强	搅拌站雷刚	陕 E69723
	7.2	矿渣		m³		22		张国强	搅拌站雷刚	陕 E65286
	7.2	矿渣		m³		21		张国强	搅拌站雷刚	陕 E38948
	7.2	矿渣		m³		20.5		张国强	搅拌站雷刚	陕 E61611
	7.2	矿渣		m³		19		张国强	搅拌站雷刚	陕 E61821
	7.2	矿渣		m³		20		张国强	搅拌站雷刚	陕 E69788
	7.2	矿渣		m³		20		张国强	搅拌站雷刚	陕 E75982
	7.2	矿渣		m³		20		张国强	搅拌站雷刚	陕 E58012

第三本

收料单号	日期	物资名称	规格型号	计量单位	单价	数量	金额	供料单位	收料单位	承运车号
	7.2	矿渣		m³		19.5		张国强	搅拌站雷刚	陕 E80496
	7.2	矿渣		m³		13		张国强	搅拌站雷刚	陕 E69723
	7.2	矿渣		m³		19		张国强	搅拌站雷刚	陕 E61821
	7.2	矿渣		m³		20		张国强	搅拌站雷刚	陕 E75982

收料单号	日期	物资名称	规格型号	计量单位	单价	数量	金额	供料单位	收料单位	承运车号
	7.2	矿渣		m³		19		张国强	搅拌站雷刚	陕 E80496
	7.2	矿渣		m³		18.5		张国强	搅拌站雷刚	陕 E80496
	7.2	矿渣		m³		19		张国强	搅拌站雷刚	陕 E80496
	7.2	矿渣		m³		21		张国强	搅拌站雷刚	陕 E69723
	7.2	矿渣		m³		19		张国强	搅拌站雷刚	陕 E69723
	7.2	矿渣		m³		16		张国强	搅拌站雷刚	陕 E69723
	7.2	矿渣		m³		23		张国强	搅拌站雷刚	陕 E52780
	7.2	矿渣		m³		19		张国强	搅拌站雷刚	陕 E52780
	7.2	矿渣		m³		20		张国强	搅拌站雷刚	陕 E52780
	7.2	矿渣		m³		21		张国强	搅拌站雷刚	陕 E21908
	7.2	矿渣		m³		21.5		张国强	搅拌站雷刚	陕 E21908
	7.2	矿渣		m³		20		张国强	搅拌站雷刚	陕 E69723
	7.2	矿渣		m³		17.5		张国强	搅拌站雷刚	陕 E80496
	7.2	矿渣		m³		17.5		张国强	搅拌站雷刚	陕 E61821
	7.2	矿渣		m³		20		张国强	搅拌站雷刚	陕 E52780
	7.2	矿渣		m³		18		张国强	搅拌站雷刚	陕 E75982
	7.2	矿渣		m³		20		张国强	搅拌站雷刚	陕 E21908
	7.2	矿渣		m³		21		张国强	搅拌站雷刚	陕 E80496
	7.2	矿渣		m³		20		张国强	搅拌站雷刚	陕 E65286
	7.2	矿渣		m³		21		张国强	搅拌站雷刚	陕 E38948
	7.2	矿渣		m³		20		张国强	搅拌站雷刚	陕 E38948

第四本

收料单号	日期	物资名称	规格型号	计量单位	单价	数量	金额	供料单位	收料单位	承运车号
	7.2	矿渣		m³		20		张国强	搅拌站雷刚	陕 E80496
	7.2	矿渣		m³		20		张国强	搅拌站雷刚	陕 E69723
	7.2	矿渣		m³		21		新泉煤化	二号便道王宏斌	陕 E52780
	7.2	矿渣		m³		15		新泉煤化	二号便道王宏斌	陕 E52780
	7.2	矿渣		m³		14		新泉煤化	二号便道王宏斌	陕 E21908

收料单号	日期	物资名称	规格型号	计量单位	单价	数量	金额	供料单位	收料单位	承运车号
	7.2	矿渣		m³		15.5		新泉煤化	二号便道王宏斌	陕 E21908
	7.2	矿渣		m³		15.64		新泉煤化	二号便道王宏斌	陕 E69723
	7.2	矿渣		m³		15.6		新泉煤化	二号便道王宏斌	陕 E61821
	7.2	矿渣		m³		17		新泉煤化	二号便道王宏斌	陕 E21908
	7.2	矿渣		m³		18.8		新泉煤化	二号便道王宏斌	陕 E80496
	7.3	矿渣		m³		21		张国强	搅拌站雷刚	陕 E61821
	7.3	矿渣		m³		19		张国强	搅拌站雷刚	陕 E75982
	7.4	矿渣		m³		19		张国强	搅拌站雷刚	陕 E80496
	7.4	矿渣		m³		19		张国强	搅拌站雷刚	陕 E80496
	7.4	矿渣		m³		19		张国强	搅拌站雷刚	陕 E80496
	7.5	矿渣		m³		17		新泉煤化	二号便道王宏斌	陕 E65286
	7.5	矿渣		m³		17		新泉煤化	二号便道王宏斌	陕 E38948
	7.6	矿渣		m³		21		张国强	搅拌站雷刚	陕 E69723
	7.6	矿渣		m³		17		新泉煤化	二号便道王宏斌	陕 E80496
	7.7	矿渣		m³		16		新泉煤化	二号便道王宏斌	陕 E52780
	7.7	矿渣		m³		17		新泉煤化	二号便道王宏斌	陕 E75982
	7.8	矿渣		m³		23		张国强	搅拌站雷刚	陕 E69723
	7.8	矿渣		m³		21		张国强	搅拌站雷刚	陕 E69723
	7.8	矿渣		m³		17.6		张国强	搅拌站雷刚	陕 E52780

第五本

收料单号	日期	物资名称	规格型号	计量单位	单价	数量	金额	供料单位	收料单位	承运车号
	7.8	石粉		m³		15.4		新泉煤化	搅拌站雷刚	陕 E80496
	7.8	石子	1～2cm	m³		17.20		新泉煤化	搅拌站雷刚	陕 E69723
	7.8	石子	0.5～1cm	m³		16.5		新泉煤化	搅拌站雷刚	陕 E52780
	7.8	彩条布	6.14m×50m	卷		1		新泉煤化	搅拌站雷刚	陕 E52780
	7.8	细砂		m³		10		新泉煤化	搅拌站雷刚	陕 E21908
	7.8	粗砂		m³		10		新泉煤化	搅拌站雷刚	陕 E21908
	7.9	矿渣		m³		18.76		新泉煤化	二号便道王宏斌	陕 E69723
	7.9	矿渣		m³		18.77		新泉煤化	二号便道王宏斌	陕 E61821
	7.9	矿渣		m³		17.20		新泉煤化	二号便道王宏斌	陕 E21908
	7.9	矿渣		m³		17.71		新泉煤化	二号便道王宏斌	陕 E80496
	7.9	矿渣		m³		17.98		新泉煤化	二号便道王宏斌	陕 E61821
	7.9	矿渣		m³		16.91		新泉煤化	二号便道王宏斌	陕 E75982
	7.10	细砂		m³		15		新泉煤化	搅拌站基础刘天	陕 E80496
	7.10	粗砂		m³		11		新泉煤化	搅拌站基础刘天	陕 E80496
	7.10	砖		块		3600		新泉煤化	搅拌站基础刘天	陕 E80496
	7.10	石子	2～4cm	m³		23		新泉煤化	搅拌站基础刘天	陕 E65286

续表

收料单号	日期	物资名称	规格型号	计量单位	单价	数量	金额	供料单位	收料单位	承运车号
	7.10	石子	2～4cm	m³		21		新泉煤化	搅拌站基础刘天	陕 E38948
	7.10	砖		块		2100		新泉煤化	搅拌站基础刘天	陕 E69723
	7.10	石子	2～4cm	m³		21		新泉煤化	搅拌站基础刘天	陕 E80496
	7.10	石子	2～4cm	m³		17.5		新泉煤化	搅拌站基础刘天	陕 E52780
	7.10	石子	2～4cm	m³		17.5		新泉煤化	搅拌站基础刘天	陕 E75982
	7.10	砖		块		3000		新泉煤化	搅拌站基础刘天	陕 E69723
	7.10	水泥	P42.5	t		8		新泉煤化	搅拌站料场挡墙孙万	陕 E69723

第六本

收料单号	日期	物资名称	规格型号	计量单位	单价	数量	金额	供料单位	收料单位	承运车号
	7.11	砖		块		3000		新泉煤化	搅拌站料场挡墙孙万	陕 E80496
	7.11	粗砂		m³		17		新泉煤化	搅拌站基础刘天	陕 E69723
	7.11	粗砂		m³		18		新泉煤化	搅拌站基础刘天	陕 E52780
	7.11	砖		块		2700		新泉煤化	搅拌站料场挡墙孙万	陕 E52780
	7.11	砖		块		3000		新泉煤化	搅拌站料场挡墙孙万	陕 E21908
	7.11	砖		块		2700		新泉煤化	搅拌站料场挡墙孙万	陕 E21908
	7.11	砖		块		3000		新泉煤化	搅拌站料场挡墙孙万	陕 E69723
	7.11	水泥	P42.5	t		11		新泉煤化	搅拌站料场挡墙孙万	陕 E69723

收料单号	日期	物资名称	规格型号	计量单位	单价	数量	金额	供料单位	收料单位	承运车号
	7.11	石粉		m³		19		新泉煤化	二号便道王宏斌	陕 E21908
	7.11	石粉		m³		15		新泉煤化	二号便道王宏斌	陕 E80496
	7.11	矿渣		m³		16		新泉煤化	二号便道王宏斌	陕 E61821
	7.11	水泥	P42.5	t		14		新泉煤化	搅拌站基础刘天	陕 E75982
	7.12	细砂		m³		20		新泉煤化	搅拌站基础刘天	陕 E80496
	7.12	细砂		m³		15		新泉煤化	搅拌站料场挡墙孙万	陕 E80496
	7.13	石子	2～4cm	m³		16.4		新泉煤化	搅拌站基础刘天	陕 E80496
	7.13	石子	2～4cm	m³		18		新泉煤化	搅拌站基础刘天	陕 E65286
	7.13	石子	2～4cm	m³		19		新泉煤化	搅拌站基础刘天	陕 E38948
	7.13	石子	2～4cm	m³		19		新泉煤化	搅拌站基础刘天	陕 E69723
	7.13	石子	2～4cm	m³		15.5		新泉煤化	搅拌站基础刘天	陕 E80496
	7.13	石子	2～4cm	m³		15.6		新泉煤化	搅拌站基础刘天	陕 E52780
	7.13	石子	2～4cm	m³		18		新泉煤化	搅拌站基础刘天	陕 E75982
	7.13	石子	2～4cm	m³		19		新泉煤化	搅拌站基础刘天	陕 E69723
	7.13	石子	2～4cm	m³		19		新泉煤化	搅拌站基础刘天	陕 E75982
	7.13	石子	2～4cm	m³		15.6		新泉煤化	搅拌站基础刘天	陕 E75982
	7.13	黄河细砂		m³		16		新泉煤化	搅拌站料场挡墙孙万	陕 E80496

第七本

收料单号	日期	物资名称	规格型号	计量单位	单价	数量	金额	供料单位	收料单位	承运车号
	7.13	矿渣		m³		18.5		郭明	一号便道	陕 E80496
	7.13	矿渣		m³		18.8		郭明	一号便道	陕 E69723
	7.13	矿渣		m³		18.8		郭明	一号便道	陕 E61821
	7.13	矿渣		m³		18		郭明	一号便道	陕 E75982
	7.13	矿渣		m³		17.5		郭明	一号便道	陕 E80496
	7.13	矿渣		m³		17.19		郭明	一号便道	陕 E80496
	7.13	矿渣		m³		17.5		郭明	一号便道	陕 E80496
	7.13	矿渣		m³		17.5		郭明	一号便道	陕 E69723
	7.13	矿渣		m³		17.5		郭明	一号便道	陕 E69723
	7.13	矿渣		m³		17.5		郭明	一号便道	陕 E69723
	7.13	矿渣		t		29.41		郭明	一号便道	陕 E52780
	7.13	矿渣		t		33.35		郭明	一号便道	陕 E52780
	7.13	矿渣		t		28.18		郭明	一号便道	陕 E52780
	7.13	矿渣		t		27.13		郭明	一号便道	陕 E21908
	7.13	矿渣		t		29.25		郭明	一号便道	陕 E21908
	7.13	矿渣		t		26.49		郭明	一号便道	陕 E69723

收料单号	日期	物资名称	规格型号	计量单位	单价	数量	金额	供料单位	收料单位	承运车号
	7.13	矿渣		t		25.72		郭明	一号便道	陕 E80496
	7.13	矿渣		t		26.94		郭明	一号便道	陕 E61821
	7.13	矿渣		t		29.93		郭明	一号便道	陕 E52780
	7.13	矿渣		t		29.19		郭明	一号便道	陕 E75982
	7.13	矿渣		t		28.26		郭明	一号便道	陕 E21908
	7.13	矿渣		t		32.78		郭明	一号便道	陕 E80496
	7.13	矿渣		t		37.61		郭明	一号便道	陕 E65286
	7.13	矿渣		t		17.50		郭明	一号便道	陕 E38948
	7.13	矿渣		t		33.61		郭明	一号便道	陕 E38948

第八本

收料单号	日期	物资名称	规格型号	计量单位	单价	数量	金额	供料单位	收料单位	承运车号
	7.13	黄河细砂		m³		16		柳大牛	搅拌站基础刘天	陕 E80496
	7.13	黄河细砂		m³		17.5		柳大牛	搅拌站基础刘天	陕 E69723
	7.13	黄河细砂		m³		17.5		柳大牛	搅拌站基础刘天	陕 E61821
	7.13	黄河细砂		m³		17.5		柳大牛	搅拌站基础刘天	陕 E75982
	7.13	黄河细砂		m³		18		柳大牛	搅拌站料场挡墙孙万	陕 E80496

续表

收料单号	日期	物资名称	规格型号	计量单位	单价	数量	金额	供料单位	收料单位	承运车号
	7.14	矿渣		m³		18		新泉煤化	二号便道王宏斌	陕 E80496
	7.14	矿渣		m³		17		新泉煤化	二号便道王宏斌	陕 E80496
	7.14	砖		块		2700		新泉煤化	搅拌站料场挡墙孙万	陕 E69723
	7.14	砖		块		2700		新泉煤化	搅拌站料场挡墙孙万	陕 E69723
	7.15	砖		块		2700		新泉煤化	搅拌站料场挡墙孙万	陕 E69723
	7.15	砖		块		2700		新泉煤化	搅拌站料场挡墙孙万	陕 E52780
	7.15	砖		块		2700		新泉煤化	搅拌站料场挡墙孙万	陕 E52780
	7.15	水泥	P42.5	t		11		新泉煤化	搅拌站料场挡墙孙万	陕 E52780
	7.13	砖		块		2700		新泉煤化	搅拌站基础刘天	陕 E21908
	7.13	砖		块		2700		新泉煤化	搅拌站基础刘天	陕 E21908
	7.13	砖		块		2700		新泉煤化	搅拌站基础刘天	陕 E69723
	7.13	石子	2～4cm	m³		18.5		新泉煤化	搅拌站基础刘天	陕 E80496
	7.13	石子	2～4cm	m³		18.5		新泉煤化	搅拌站基础刘天	陕 E61821
	7.13	石子	2～4cm	m³		20		新泉煤化	搅拌站基础刘天	陕 E52780
	7.13	石子	2～4cm	m³		20		新泉煤化	搅拌站基础刘天	陕 E75982
	7.13	粗砂		m³		16		新泉煤化	搅拌站基础刘天	陕 E21908

续表

收料单号	日期	物资名称	规格型号	计量单位	单价	数量	金额	供料单位	收料单位	承运车号
	7.13	粗砂		m³		16		新泉煤化	搅拌站基础刘天	陕E80496
	7.13	水泥	P42.5	t		11		新泉煤化	搅拌站基础刘天	陕E65286
	7.13	水泥	P42.5	t		14		新泉煤化	搅拌站基础刘天	陕E38948

第九本

收料单号	日期	物资名称	规格型号	计量单位	单价	数量	金额	供料单位	收料单位	承运车号
	7.13	矿渣		t		34.75		郭明	一号便道	陕E80496
	7.13	矿渣		t		28.44		郭明	一号便道	陕E69723
	7.13	矿渣		t		27.74		郭明	一号便道	陕E61821
	7.13	矿渣		t		31.7		郭明	一号便道	陕E75982
	7.13	矿渣		t		25.04		郭明	一号便道	陕E80496
	7.13	矿渣		t		28.60		郭明	一号便道	陕E80496
	7.13	矿渣		t		27.41		郭明	一号便道	陕E80496
	7.13	矿渣		t		32.91		郭明	一号便道	陕E69723
	7.13	矿渣		t		32.16		郭明	一号便道	陕E69723
	7.13	矿渣		t		32.73		郭明	一号便道	陕E69723
	7.13	矿渣		t		31.46		郭明	一号便道	陕E52780

收料单号	日期	物资名称	规格型号	计量单位	单价	数量	金额	供料单位	收料单位	承运车号
	7.13	矿渣		t		32.67		郭明	一号便道	陕 E52780
	7.13	矿渣		t		30.47		郭明	一号便道	陕 E52780
	7.13	矿渣		t		32.19		郭明	一号便道	陕 E21908
	7.13	矿渣		m³		17.50		郭明	一号便道	陕 E21908
	7.13	矿渣		t		30.99		郭明	一号便道	陕 E69723
	7.13	矿渣		t		34.17		郭明	一号便道	陕 E80496
	7.13	矿渣		t		27.61		郭明	一号便道	陕 E61821
	7.13	矿渣		t		26.97		郭明	一号便道	陕 E52780
	7.13	矿渣		t		34.56		郭明	一号便道	陕 E75982
	7.13	矿渣		t		29.45		郭明	一号便道	陕 E21908
	7.13	矿渣		t		24.59		郭明	一号便道	陕 E80496
	7.13	矿渣		t		36.20		郭明	一号便道	陕 E65286
	7.13	矿渣		t		24.53		郭明	一号便道	陕 E38948
	7.13	矿渣		t		24.98		郭明	一号便道	陕 E38948

第十本

收料单号	日期	物资名称	规格型号	计量单位	单价	数量	金额	供料单位	收料单位	承运车号
	7.13	矿渣		t		23.84		郭明	一号便道	陕 E80496
	7.13	矿渣		t		30.65		郭明	一号便道	陕 E69723
	7.13	矿渣		t		30.19		郭明	一号便道	陕 E61821
	7.13	矿渣		t		35.52		郭明	一号便道	陕 E75982
	7.13	矿渣		t		29.48		郭明	一号便道	陕 E80496
	7.13	矿渣		t		34.28		郭明	一号便道	陕 E80496
	7.13	矿渣		t		34.73		郭明	一号便道	陕 E80496
	7.13	矿渣		t		33.74		郭明	一号便道	陕 E69723
	7.13	矿渣		t		34.28		郭明	一号便道	陕 E69723
	7.13	矿渣		t		35.88		郭明	一号便道	陕 E69723
	7.13	矿渣		t		35.11		郭明	一号便道	陕 E52780
	7.13	矿渣		t		35.15		郭明	一号便道	陕 E52780
	7.13	矿渣		t		33.34		郭明	一号便道	陕 E52780
	7.13	矿渣		t		35.88		郭明	一号便道	陕 E21908
	7.13	矿渣		t		24.09		郭明	一号便道	陕 E21908
	7.13	矿渣		t		26.24		郭明	一号便道	陕 E69723

收料单号	日期	物资名称	规格型号	计量单位	单价	数量	金额	供料单位	收料单位	承运车号
	7.13	石粉		m³		18		新泉煤化	一号便道	陕E61821
	7.13	石粉		m³		24.50		新泉煤化	一号便道	陕E52780
	7.13	石粉		m³		20		新泉煤化	一号便道	陕E75982
	7.13	石粉		m³		20		新泉煤化	一号便道	陕E21908
	7.13	石粉		m³		24		新泉煤化	一号便道	陕E80496
	7.13	石粉		m³		18		新泉煤化	一号便道	陕E65286

第十一本

收料单号	日期	物资名称	规格型号	计量单位	单价	数量	金额	供料单位	收料单位	承运车号
	7.14	矿渣		t		25.72		郭明	一号便道	陕E80496
	7.14	石粉		t		30.19		郭明	一号便道	陕E61821
	7.14	石粉		t		24.81		郭明	一号便道	陕E80496
	7.14	石粉		t		25.67		郭明	一号便道	陕E80496
	7.14	石粉		m³		22.50		新泉煤化	二号便道	陕E69723
	7.15	矿渣		t		24.53		郭明	一号便道	陕E69723
	7.15	石粉		t		43.14		郭明	一号便道	陕E75982
	7.15	石粉		t		26.87		郭明	一号便道	陕E80496

续表

收料单号	日期	物资名称	规格型号	计量单位	单价	数量	金额	供料单位	收料单位	承运车号
	7.16	石粉		m³		22.00		新泉煤化	二号便道	陕 E69723
	7.16	石粉		m³		24.50		新泉煤化	二号便道	陕 E69723
	7.16	石粉		m³		18.5		新泉煤化	二号便道	陕 E52780
	7.16	石粉		m³		19		新泉煤化	二号便道	陕 E52780
	7.16	石粉		m³		18.80		新泉煤化	二号便道	陕 E52780
	7.16	石粉		m³		18.80		新泉煤化	二号便道	陕 E21908
	7.17	石粉		m³		18.50		新泉煤化	一号便道	陕 E21908
	7.17	石粉		m³		18		新泉煤化	一号便道	陕 E69723
	7.17	石粉		m³		23		综合二队	二号便道	陕 E61821
	7.17	石粉		m³		22		综合二队	二号便道	陕 E52780
	7.17	石粉		m³		24		综合二队	二号便道	陕 E75982
	7.17	石粉		m³		22		综合二队	二号便道	陕 E21908
	7.17	石粉		m³		23.5		综合二队	二号便道	陕 E80496
	7.18	石粉		m³		21		综合二队	二号便道	陕 E65286
	7.18	石粉		m³		22.8		综合二队	二号便道	陕 E65286
	7.18	石粉		m³		23		综合二队	二号便道	陕 E65286

收料单号	日期	物资名称	规格型号	计量单位	单价	数量	金额	供料单位	收料单位	承运车号
	7.18	石粉		m³		22		综合二队	二号便道	陕 E65286
	7.18	石粉		m³		22		综合二队	二号便道	陕 E65286

第十二本

收料单号	日期	物资名称	规格型号	计量单位	单价	数量	金额	供料单位	收料单位	承运车号
	7.14	砖		块		2700		新泉煤化	搅拌站料场挡墙孙万	陕 E80496
	7.14	砖		块		10000		新泉煤化	搅拌站料场挡墙孙万	陕 E61821
	7.15	砖		块		2000		新泉煤化	搅拌站料场挡墙孙万	陕 E80496
	7.14	砖		块		2700		新泉煤化	搅拌站料场挡墙孙万	陕 E80496
	7.14	砖		块		2700		新泉煤化	搅拌站料场挡墙孙万	陕 E69723
	7.14	砖		块		2700		新泉煤化	搅拌站料场挡墙孙万	陕 E69723
	7.14	砖		块		2700		新泉煤化	搅拌站料场挡墙孙万	陕 E75982
	7.14	砖		块		2700		新泉煤化	搅拌站料场挡墙孙万	陕 E80496
	7.14	砖		块		2700		新泉煤化	搅拌站料场挡墙孙万	陕 E69723
	7.14	砖		块		2000		新泉煤化	搅拌站料场挡墙孙万	陕 E69723
	7.14	砖		块		2700		新泉煤化	搅拌站料场挡墙孙万	陕 E52780

收料单号	日期	物资名称	规格型号	计量单位	单价	数量	金额	供料单位	收料单位	承运车号
	7.14	砖		块		2000		新泉煤化	搅拌站料场挡墙孙万	陕 E52780
	7.14	砖		块		2700		新泉煤化	搅拌站料场挡墙孙万	陕 E52780
	7.14	砖		块		2700		新泉煤化	搅拌站料场挡墙孙万	陕 E21908
	7.14	砖		块		2000		新泉煤化	搅拌站料场挡墙孙万	陕 E21908
	7.14	砖		块		2700		新泉煤化	搅拌站料场挡墙孙万	陕 E69723
	7.14	砖		块		2000		新泉煤化	搅拌站料场挡墙孙万	陕 E61821
	7.17	水泥	P42.5	t		16		新泉煤化	搅拌站刘天	陕 E52780
	7.17	砖		块		2000		新泉煤化	搅拌站刘天	陕 E75982
	7.17	砖		块		2700		新泉煤化	搅拌站刘天	陕 E21908
	7.17	黄河细砂		m³		17		柳大牛	搅拌站刘天	陕 E80496
	7.18	黄河细砂		m³		17		柳大牛	搅拌站刘天	陕 E65286
	7.18	黄河细砂		m³		17		柳大牛	搅拌站刘天	陕 E65286

第十三本

收料单号	日期	物资名称	规格型号	计量单位	单价	数量	金额	供料单位	收料单位	承运车号
	7.14	石子	1~2 cm	m³		29.596		赵洋	搅拌站料场挡墙孙万	陕E80496
	7.14	细砂		m³		24		赵洋	搅拌站料场挡墙孙万	陕E61821
	7.15	水泥	PC32.5	t		20		赵洋	搅拌站料场挡墙孙万	陕E80496
	7.14	砖		块		2700		新泉煤化	搅拌站料场挡墙孙万	陕E80496
	7.14	砖		块		2700		新泉煤化	搅拌站料场挡墙孙万	陕E69723
	7.14	砖		块		2700		新泉煤化	搅拌站料场挡墙孙万	陕E69723
	7.14	砖		块		2700		新泉煤化	搅拌站料场挡墙孙万	陕E75982
	7.14	砖		块		2700		新泉煤化	搅拌站料场挡墙孙万	陕E80496
	7.14	砖		块		3000		新泉煤化	搅拌站料场挡墙孙万	陕E69723

第十四本

收料单号	日期	物资名称	规格型号	计量单位	单价	数量	金额	供料单位	收料单位	承运车号
	7.14	黄河细砂		m³		17		柳大牛	搅拌站料场挡墙孙万	陕E80496
	7.14	黄河细砂		m³		17		柳大牛	搅拌站料场挡墙孙万	陕E61821
	7.15	黄河细砂		m³		17		柳大牛	搅拌站料场挡墙孙万	陕E80496
	7.14	砖		块		2700		新泉煤化	搅拌站料场挡墙孙万	陕E80496

收料单号	日期	物资名称	规格型号	计量单位	单价	数量	金额	供料单位	收料单位	承运车号
	7.14	砖		块		2000		新泉煤化	搅拌站料场挡墙孙万	陕 E69723
	7.14	砖		块		2000		新泉煤化	搅拌站料场挡墙孙万	陕 E69723
	7.14	砖		块		2700		新泉煤化	搅拌站料场挡墙孙万	陕 E75982
	7.14	砖		块		2000		新泉煤化	搅拌站料场挡墙孙万	陕 E80496
	7.14	砖		块		2000		新泉煤化	搅拌站料场挡墙孙万	陕 E69723
	7.14	砖		块		2700		新泉煤化	搅拌站料场挡墙孙万	陕 E69723
	7.14	砖		块		2000		新泉煤化	搅拌站料场挡墙孙万	陕 E75982
	7.14	砖		块		2700		新泉煤化	搅拌站料刘天	陕 E80496
	7.14	砖		块		2000		新泉煤化	搅拌站料刘天	陕 E69723
	7.14	砖		块		2000		新泉煤化	搅拌站料刘天	陕 E80496
	7.14	砖		块		2000		新泉煤化	搅拌站料刘天	陕 E80496
	7.14	砖		块		2700		新泉煤化	搅拌站料刘天	陕 E80496
	7.14	砖		块		2000		新泉煤化	搅拌站料刘天	陕 E80496
	7.14	水泥	PC42.5	t		16		新泉煤化	搅拌站料刘天	陕 E80496
	7.14	水泥	PC42.5	t		16		新泉煤化	搅拌站料刘天	陕 E80496
	7.14	黄河细砂		m³		17		柳大牛	搅拌站料刘天	陕 E80496

续表

收料单号	日期	物资名称	规格型号	计量单位	单价	数量	金额	供料单位	收料单位	承运车号
	7.14	黄河细砂		m³		17		柳大牛	搅拌站料刘天	陕E80496
	7.14	黄河细砂		m³		17		柳大牛	搅拌站料刘天	陕E80496
	7.14	黄河细砂		m³		17		柳大牛	搅拌站料刘天	陕E80496
	7.14	黄河细砂		m³		17		柳大牛	搅拌站料刘天	陕E80496

第十五本

收料单号	日期	物资名称	规格型号	计量单位	单价	数量	金额	供料单位	收料单位	承运车号
	7.18	石粉		m³		20		综合二队	二号便道	陕E80496
	7.18	细砂		m³		15		综合二队	二号便道	陕E61821
	7.18	石粉		t		26.54		郭明	一号便道	陕E80496
	7.18	石粉		t		27.58		郭明	一号便道	陕E80496
	7.18	石粉		t		32.81		郭明	一号便道	陕E69723
	7.18	石粉		t		32.96		郭明	一号便道	陕E69723
	7.18	石粉		m³		21		郭明	一号便道	陕E75982
	7.18	石粉		m³		22		郭明	一号便道	陕E80496
	7.18	矿渣		m³		17		新泉煤化	搅拌站雷刚	陕E69723
	7.18	矿渣		m³		20		新泉煤化	搅拌站雷刚	陕E69723

收料单号	日期	物资名称	规格型号	计量单位	单价	数量	金额	供料单位	收料单位	承运车号
	7.18	砖		块		2000		新泉煤化	搅拌站刘天	陕 E75982
	7.18	砖		块		2700		新泉煤化	搅拌站孙万	陕 E80496
	7.18	砖		块		2700		新泉煤化	搅拌站孙万	陕 E69723
	7.18	砖		块		2700		新泉煤化	搅拌站孙万	陕 E80496
	7.18	砖		块		2000		新泉煤化	搅拌站孙万	陕 E80496

参考文献

[1]黄土基.土木工程机械[M].2版.北京:中国建筑出版社,2008.

[2]苏达根.土木工程材料[M].2版.北京:高等教育出版社,2008.

[3]赵丽萍.土木工程材料[M].2版.北京:人民交通出版社,2010.

[4]张洪.现代施工工程机械[M].2版.北京:机械工业出版社,2008.

[5]张欣.建筑企业管理[M].2版:北京.冶金工业出版社,2011.

[6]张欣.工程仓储管理[M].成都:西南交通大学出版社,2010.

[7]史商于,张友昌.材料员专业管理实务[M].北京:中国建筑工业出版社,2007.

[8]梁敦维.材料员[M].太原:山西科学技术出版社,2000.

[9]陈爱莲.材料员[M].北京:中国电力出版社,2008.

图书在版编目(CIP)数据

工程物资成本核算与控制/王晓丽主编.—西安：
西安交通大学出版社,2016.1(2021.6重印)
ISBN 978-7-5605-8263-4

Ⅰ.①工… Ⅱ.①王… Ⅲ.①建筑工程-成本计算
②建筑工程-成本管理 Ⅳ.①TU723.3

中国版本图书馆 CIP 数据核字(2016)第 029148 号

书　　名	工程物资成本核算与控制	
主　　编	王晓丽	
责任编辑	史菲菲	

出版发行	西安交通大学出版社	
	(西安市兴庆南路 1 号　邮政编码 710048)	
网　　址	http://www.xjtupress.com	
电　　话	(029)82668357　82667874(发行中心)	
	(029)82668315(总编办)	
传　　真	(029)82668280	
印　　刷	陕西宝石兰印务有限责任公司	

开　　本	787mm×1092mm　1/16　印张 9.25　字数 220 千字	
版次印次	2016 年 2 月第 1 版　　2021 年 6 月第 2 次印刷	
书　　号	ISBN 978-7-5605-8263-4	
定　　价	24.80 元	

读者购书、书店添货,如发现印装质量问题,请与本社发行中心联系、调换。
订购热线:(029)82665248　(029)82665249
投稿热线:(029)82668133
读者信箱:xj_rwjg@126.com